给建筑师的思想家读本

建筑师解读 **布迪厄**

[英] 海伦娜·韦伯斯特　著
林　溪　林　源　译

中国建筑工业出版社

著作权合同登记图字：01-2011-5502号

图书在版编目（CIP）数据

建筑师解读 布迪厄 /（英）韦伯斯特著；林溪，林源译．—北京：中国建筑工业出版社，2016.11

（给建筑师的思想家读本）

ISBN 978-7-112-19686-9

Ⅰ.①建… Ⅱ.①韦…②林…③林… Ⅲ.①布迪厄（Pierre Bourdieu，1930—2002）—建筑哲学—思想评论 Ⅳ.①TU-021

中国版本图书馆CIP数据核字（2016）第195007号

Bourdieu for Architects / Helena Webster

责任编辑：戚琳琳　董苏华　李　婧
责任校对：王宇枢　李美娜

给建筑师的思想家读本

建筑师解读 布迪厄

［英］海伦娜·韦伯斯特　著

林　溪　林　源　译

*

中国建筑工业出版社出版、发行（北京海淀三里河路9号）
各地新华书店、建筑书店经销
北京京点图文设计有限公司制版
北京云浩印刷有限责任公司印刷

*

开本：880×1230 毫米　1/32　印张：5　字数：124 千字
2017 年 1 月第一版　2017 年 1 月第一次印刷
定价：25.00 元

ISBN 978-7-112-19686-9
（29167）

致朱迪丝，卡萝尔和查尔斯

目　录

图表说明

Pierre Bourdieu, Saint-Gallen， 由 Cameria Austria, Graz 提供。

6 卡拜尔民居平面图，据《实践逻辑》中同名示意图表绘制([60]: 272）改编，第 25 页。© Éditions de Minuit.

7 社会地位空间图 / 生活方式空间图，据《区隔》中的同名示意图 ([44]: 128-129) 绘制，第 48-49 页。© Taylor and Francis / Éditions de Minuit.

8 宰制品味参量图: 属性空间示意图与个体社会空间图，据《区隔》中同名图表 ([44]: 262) 绘制，第 51 页。© Taylor and Francis/Éditions de Minuit.

9 《情感教育》中的巴黎，据《艺术法则》([63]) 中的同名示意图绘制，第 95 页。© Estate of Pierre Bourdieu.

10 权力场域与社会空间中的文化生产场域，据《艺术法则》([63]) 中的同名示意图绘制。第 97 页。© Estate of Pierre Bourdieu.

丛书编者按

亚当·沙尔（Adam Sharr）

建筑师通常会从哲学界和理论界的思想家那里寻找设计思想或作品批评机制。然而对于建筑师和建筑专业的学生而言，在这些思想家的著作中进行这样的寻找并非易事。对原典的语境不甚了了而贸然阅读，很可能会使人茫然不知所措，而已有的导读性著作又极少详细探讨这些原典中与建筑有关的内容。这套新颖的丛书，则以明晰、快速和准确地介绍那些曾讨论过建筑的重要思想家为目的，其中每本针对一位思想家在建筑方面的相关著述进行总结。丛书旨在阐明思想家的建筑观点在其全部研究成果中的位置、解释相关术语以及为延伸阅读提供快速可查的指引。如果你觉得关于建筑的哲学和理论著作很难读，或仅是不知从何处开始读，那么本丛书将是你的必备指南。

“给建筑师的思想家读本”丛书的内容以建筑学为出发点，试图采用建筑学的解读方法，并以建筑专业读者为对象介绍各位思想家。每位思想家均有其与众不同的独特气质，于是丛书中每本的架构也相应地围绕着这种气质来进行组织。由于所探讨的均为杰出的思想家，因此所有此类简短的导读均只能涉及他们作品的一小部分，且丛书中每本的作者——均为建筑师和建筑批评家——各集中探讨一位在他们看来对于建筑设计与诠释意义最为重大的思想家，因此疏漏不可避免。关于每一位思想家，本丛书仅提供入门指引，并不盖棺论定，而我们希望这样能够鼓励进一步的阅读，也即激发读者的兴趣，去深入研究这些思想家的原典。

“给建筑师的思想家读本”丛书已被证明是极为成功的，目前已经出版七卷，探讨了多位人们耳熟能详，且对建筑设计、批评和评论产生了重要和独特影响的文化名人，他们分别是吉尔·德勒兹[①]、菲利克斯·迦塔利[②]、马丁·海德格尔[③]、露丝·伊里加雷[④]、霍米·巴巴[⑤]、莫里斯·梅洛庞蒂[⑥]、沃尔特·本雅明[⑦]和皮埃尔·布迪厄。目前本丛书仍在扩充之中，将会更广泛地涉及为建筑师所关注的众多当代思想家。

亚当·沙尔目前是英国卡迪夫大学威尔士建筑学院（Welsh School of Architecture，Cardiff University）的高级讲师、亚当·沙尔建筑事务所（Adam Sharr Architects）首席建筑师，并与理查德·维斯顿（Richard Weston）共同

---

① 吉尔·德勒兹（Gilles Deleuze，1925-1995 年），法国著名哲学家、形而上主义者，其研究在哲学、文学、电影及艺术领域均产生了深远影响。——译者注

② 菲利克斯·迦塔利（Félix Guattari，1930-1992 年），法国精神治疗师、哲学家、符号学家，是精神分裂分析（schizoanalysis）和生态智慧（ecosophy）理论的开创人。——译者注

③ 马丁·海德格尔（Martin Heidegger，1889-1976 年），德国著名哲学家，存在主义现象学（existential phenomenology）和解释哲学（philosophical hermeneutics）的代表人物。被广泛认为是欧洲最有影响力的哲学家之一。——译者注

④ 露丝·伊里加雷（Luce Irigaray，1930 年 -），比利时裔法国著名女权运动家、哲学家、语言学家、心理语言学家、精神分析学家、社会学家、文化理论家。——译者注

⑤ 霍米·巴巴（Homi，K. Bhabha，1949 年 -），美国著名文化理论家，现任哈佛大学英美语言文学教授及人文学科研究中心（Humanities Center）主任，其主要研究方向为后殖民主义。——译者注

⑥ 莫里斯·梅洛庞蒂（Maurice Merleau-Ponty，1908-1961 年），法国著名现象学家，其著作涉及认知、艺术和政治等领域。——译者注

⑦ 沃尔特·本雅明（Walter Benjamin，1892-1940 年），德国著名哲学家、文化批评家，属于法兰克福学派。——译者注

担任剑桥大学出版社出版发行的专业期刊《建筑研究季刊》（Architectural Research Quarterly）的总编。他的著作有《海德格尔的小屋》（Heidegger's Hut）（MIT，2006年）和《海德格尔：建筑读本》（Heidegger for Architectus）（Routledge，2007年）。此外，他还是《失控的质量：建筑测量标准》（Quality out of Control: Standards for Measuring Architecture）（Routledge，2010年）和《原始性：建筑原创性的问题》（Primitive: Original Matters in Architecture）（Routledge，2006年）二书的主编之一。

第 1 章

导 言

1

本书旨在介绍皮埃尔·布迪厄对空间文化与物质文化的研究著作，从而帮助建筑师们从社会、政治、文化与自身专业角度理解他们正身处其中的大环境。从其卷帙浩繁的著作中，本书选取了一些重要部分，以期激发读者对建筑领域进行批判性审视的兴趣，并提供相应的方法。

尽管布迪厄被公认为 20 世纪最杰出的社会学家之一以及文化学研究的奠基人，但人们并未充分认识到他的研究对于建筑师和建筑学的意义。**读者可能熟知他提出的一些更为有影响力的概念，如“惯习”（habitus）和“文化资本”（cultural capital）等，然而却很少有人了解他的全部知识遗产**。因此，本章将先试举一例，用以说明建筑师以及其他与建筑界有关的人士为何应当关注布迪厄的思想。

布迪厄与建筑

无论是口头讨论，还是诉诸写作，建筑师们已对许多建筑问题进行了探讨，如什么是建筑、怎样算是“好的”建筑、建筑何以被社会需要、如何进行创作等等。也许有人会认为这些“圈内”的讨论已足够令人满意。那么，我们为什么还需要这样一本书，来鼓励大家关注皮埃尔·布迪厄这位“圈外”思想家的研究呢？

2

要“成为”建筑师，建筑专业学生需要经过长期的学习，这是个吸收本学科隐性知识、信条与价值观的渐进过程，而且对大多数人而言，这一过程带来的体验，是相当有趣、快乐与令人忘我的。然而，这一社会化与文化教化过程造成的结果之一，便是建筑师们会因此习惯于从专业角度观察世界，而其所见则经过了折射与诠释。于是，那些以不同方式看待世界的圈外人（如普通公众、建筑工人、造价师、政治家，等等）在建筑师的眼中，往往不仅是难以交流的，而且是令人无法容忍的。布迪厄的研究，则能够帮助建筑师们理解这一复杂的现象。他曾指出，各社会群体［他称之为“场域”（field）］一方面会建构该群体独有的信念和价值观，以增强群体凝聚力，另一方面则会对定义何者为正统的这种社会权力进行争夺。如此，布迪厄便为建筑师们提供了一种思维方法，可以借此考察建筑学科自身的社会建构以及该学科与圈外的社会化世界的关系。他也探讨了很多较为具体的问题，如作为一种压迫手段的空间的使用、创作习惯的产生、对文化产品的认知以及文化生产者的社会政治使命等。对于建筑师而言，这些问题应当是既有兴味，也有意义的。总之，对于建筑师为什么应关注皮埃尔·布迪厄，以上所言仅仅给出了部分答案。

然而，任何一个曾亲身尝试的人，都会承认阅读布迪厄的原典绝非易事。第一，他有四十余本专著、数百篇论文，且绝大部分是法文的，并且在这些作品中，究竟哪些与建筑关系较为紧密，并非一望可知；第二，他的作品——尤其是撰写于 1970 ~ 1990 年间的那些——风格与结构极为艰深晦涩，常令人难以理解；第三，他很多大部头的著作是关于法国文化的实证调研成果，而对于读者来说花时间阅读这些资料会有多少收获却很难讲；还有，除非穷尽其全部著述，否则读者无法理解其中每一部、每一篇在其对“人于世间如何行动”这一宏大命题的探索中究竟占有什么样的地位。

3

因此，本书意在帮助读者跨越这些障碍，从而特别遴选布迪厄著述中与建筑尤为相关的部分，并且以非专业术语进行阐释。本章余下的部分将概述布迪厄的生平与作品，以便读者可在历史脉络和其理论发展轨迹上进行“定位”。其后的章节则大体上依照时间顺序进行排布，以说明布迪厄思想的历时演进：第 2 章介绍了其早期在阿尔及利亚所作的对空间与权力的关系，以及空间的社会建构进行的研究；第 3 章探讨了他对审美的社会建构进行的探索——他那本最著名的《区隔》（La distinction）便诞生于这一时期；第 4 章梳理了布迪厄的文化实践理论的发展；第 5 章介绍了三个研究课题，分布针对时尚、文艺与住房三个具体案例；第 6 章略述了布迪厄在生命最后十年的“政治转型”，在这个阶段，为了改善被压迫阶层的处境，布迪厄公开奔走呼吁，并号召知识分子——也包括文化生产者对新自由主义（neo-liberalism）思潮进行抗争。

背景与生平

1930 年，皮埃尔·布迪厄出生于法国西南部距波城（Pau）[①] 不远的一个名叫当吉恩（Denguin）的农庄，并在这里长大。在此期间，他逐渐拥有了劳动阶级的行为方式、品味和价值观。但与同龄人不同的是，他受父亲鼓励而接受了正规教育，求学之路的顺利又使得他与所出身的阶层——无论是在地缘上还是在地位上都渐行渐远。布迪厄 72 载的生涯勾勒出的是一条成功的学术轨迹：先在波城（1941—1947 年）和巴

① 波城（Pau），位于法国西南部、比利牛斯山区，为阿基坦（Aquitaine）大区比利牛斯 - 大西洋省（Pyrénées-Atlantiques）首府，距巴黎约 850 公里。——译者注

黎（1948—1951年）读中学，随后在巴黎（1951—1954年）读大学，接着任教于一所省立高校（1961—1964年），继而担任法国社会科学高等研究院[①]主任（1964—2001年）和教育文化社会学研究中心[②]主任（1968—1984年），并于1982年被推选进入著名的法兰西学院[③]。布迪厄在回顾学术生涯时曾提及他是一个被置于法国教育体系“圈内”的“圈外人”（农民），而这样的处境既带来了动力（源自被歧视感），也提供了方法（圈外人所具有的超然的客观态度），使他借以揭示经济资本、社会资本尤其是文化资本在社会中的流通方式，以及这些资本对于引导个体实践、维持与繁衍社会等级体系所起的重要作用。“在法国，出身于边远地区能够使你具有某种——既在主观上也在客观上的——外部性，这样你就与法国社会的核心体制处在一种独特的关系中”（[113]: 209）。对这个一元课题的探索贯穿在布迪厄整个的学术生涯中，而他涉及的具体研究最初属于人类学范畴，继而转向历史学和社会学，且多倾向于文化学研究。这些研究就其形式和关注点而言，都与20世纪后半叶法国的社会、政治与学术环境的变迁密不可分。

在精英高校高等师范学院[④]（1951—1954年）时，布迪厄攻读的是当时法国学术界最为青睐的哲学专业，并以此作

① 社会科学高等研究院（École des hautes études en sciences sociales），法国顶尖高等教育和研究机构之一，主要研究方向为社会科学，而以金融和经济学研究最为著名，最初创立于1947年，并于1975年获得独立办学资格。——译者注

② 教育文化社会学研究中心（Centre de sociologie de l'éducation et de la culture），即下文的欧洲社会学研究中心（Centre de sociologie européenne），为社会科学高等研究院的下属机构，1964年为法国社会学家雷蒙德·阿隆（见下文）与其助手皮埃尔·布迪厄共同创建。——译者注

③ 法兰西学院（Collège de France），法国顶尖高等教育与研究机构，始建于1530年。——译者注

④ 高等师范学院（École normale supérieure），为法国顶尖师范院校，创立于1794年。——译者注

1970年代 1980年代 1990年代

背景事件

雷蒙德·阿隆创立“欧洲社会学研究中心”（1960年）
阿尔及利亚独立战争（1954-1962年）[1]
五月风暴[2]（1968年）
戴高乐政府（1959-1969年）[3]
密特朗政府[4]（1981-1995年）

经　历

1930 在法国 当吉恩出生
就读于波城中学（1941-1947年）
在路易大帝中学[5]读高中（1948-1951年）
在巴黎高等师范学院读大学（1951-1954年）
在阿尔及利亚（1955-1961年）
在巴黎（1960-1961年）
在里尔（1961-1964年）
结婚（1962年）
在巴黎高等师范学院任教（1964-1984年）
任“教育与文化社会学研究中心”主任（1968-1984年）
创办《社会科学研究文辑》（1975年）
任“社会科学高等研究院”教研主任（1964-2001年）
任“法兰西学院”社会学教授（1982-2001年）
任“欧洲社会研究学中心”主任（1985-1998年）
支持煤矿工人罢工[6]（1995年）
2002年1月23日去世

法文著作与论文

《阿尔及利亚社会学》[1958]
《劳动与劳动者》[1963]
《继承者》[1964]
《失根》[1964]
《知识阶层场域》[1966]
《艺术之爱》[1966]
《哥特建筑》[1967]
《通俗艺术》[1965]
《社会学技艺》[1968]
《卡拜尔人民居》[1970]
“象征性商品的市场”[1971]
《实践理论概要》[1972]
“高端时尚与高雅文化”[1974]
《品味的剖析》[1976]
《区隔》[1979]
《实践逻辑》[1980]
《学人》[1984]
《住房经济》[1990]
《艺术法则》[1992]
《举世之重》[1993]
《自由交换》[1994]
《论电视》[1996]
《经济的社会化结构》[2000]

英文著作与论文

《阿尔及利亚人》[1962]
《知识阶层场域与创作规划》[1969]
《柏柏尔民居》[1970]
《象征性商品的市场》[1971]
《实践理论纲要》[1977]
《继承者》[1979]
《高端时尚与高雅艺术》[1980]
《区隔》[1984]
《摄影：通俗艺术》[1989]
《学人》[1990]
《实践逻辑》[1990]
《艺术之爱》[1990]
《文化生产场域》[1993]
《自由交换》[1995]
《论电视》[1998]
《举世之重》[1999]
《经济的社会化结构》[2005]
《哥特建筑》[2005]

图 1　年表：主要作品、经历与背景事件

1　又称阿尔及利亚革命，是法属殖民地阿尔及利亚向法国殖民当局争取独立的战争，由阿尔及利亚民族解放阵线(Front de Lib é ration Nationale)于1954年11月掀起，并以1962年阿尔及利亚获得独立而结束。——译者注

2　1968年五月（Mai 68)在法国爆发的大规模群体运动，以大规模学生罢课抗议资本主义、消费主义、传统政治体制、价值观和秩序体系开始，逐渐发展为涉及1100万工人连续进行的大规模罢工示威活动，后于六月初以法国总统戴高乐解散国会并于6月23日重新召开国会选举而结束。——译者注

3　Charles Andr é Joseph Marie de Gaulle（1890–1970年），法国军事家、政治家，二战期间为自由法国运动(France libre)领导者，1958年成立法兰西第五共和国并任第一任总统，其执政信条包括民族独立、反帝国主义、大众民主主义(Popular Democracy)、国家干预经济、社会正义和社会保守主义等，被称为戴高乐主义(Gaullism)。——译者注

4　（François Mitterrand，1916–1996年），法国左翼政治家，曾任法国社会党第一书记及法兰西第五共和国第四任总统。其执政方略较为激进，包括推动私人企业国有化、扩大社会保障制度等社会主义政策，也曾邀请法国共产党人进入政府，并且极为注重支持文化事业。——译者注

5　（Lyc é e Louis–le–Grand），创立于1563年，位于巴黎拉丁区(Quartier Latin)，因路易十四曾造访而得名。——译者注

6　法国1995年大罢工(Gr è ves de 1995 en France)，发生于1995年11月至12月，主要参与者为公共服务部门员工，其旨在对抗当时新任总理阿兰·朱佩(Alain Marie Jupp é，1945年–)的执政方针。——译者注

为人文学术生涯的第一阶段。然而，由于他本人对现实生活的观察同当时由让-保罗·萨特[①]引领的法国哲学界的观点存在明显龃龉，布迪厄对哲学的失望与日俱增，最终投向了崭露头角的“科学”学科——人类学，并对结构人类学新锐克劳德·列维施特劳斯[②]提出的更具说服力的理论范型特别倾心。就这样，在 20 世纪 50 年代，布迪厄转型成为一个自学成才的、倾向于实证研究的人类学家。在阿尔及利亚服兵役期间，布迪厄以法国殖民者对土著部落卡拜尔[③]所造成的空间-文化影响为对象，进行了一系列的人类学研究，并撰写了多部著作，其中包括出版于 1958 年的《阿尔及利亚社会学》(Sociologie de l'Algérie)([1]，[7]) 和 1972 年的那本影响深远的《实践理论纲要》(Esquisse d'une théorie de la pratique)([25]，[34])。在后者中，布迪厄阐述了一种行为理论，揭示了结构主义者解读个体实践的硬伤（结构主义理论认为社会的最明显特征是个体的行为由深层精神结构所决定)，即混淆了研究者对实践的认知和实践本身，同时指明了一种“科学”的新方法，即后来的“自反性”社会学（即一种研究者能够意识到自身在研究过程中对意义建构所造成的影响的社会学研究方法)。该书还给出了一种对个体实践与文

① 让-保罗·萨特（Jean-Paul Sartre，1905-1980 年)，法国著名哲学家、小说家、剧作家、政治活动家、传记作家及文学评论家，为存在主义、现象学、马克思主义等哲学流派的领军人物，也是 20 世纪法国哲学界的代表人物。——译者注

② 克劳德·列维-施特劳斯（Claude Lévi-Strauss，1908-2009 年)，法国著名人类学家、民族志学家，结构主义和结构人类学的领军人物，被誉为“现代人类学之父”。——译者注

③ 卡拜尔人（Kabyle）人，柏柏尔（Berber）人的一支，主要生活在北非的阿尔及利亚北部卡拜里亚（Kabylia）地区，使用卡拜尔语。而柏柏尔（Berber）人是起源于北非尼罗河谷以西的民族，历史上使用柏柏尔语，目前主要生活于阿尔及利亚和摩洛哥，以及突尼斯、利比亚、毛里塔尼亚、马里和尼日利亚等非洲国家，以及北非殖民地原宗主国法国为代表的欧洲国家。——译者注

化语境相互建构的特质进行解读的实验性理论假说，而这种解读方法同时克服了现代结构主义理念——暗示一种无可抗拒的社会决定论——与现象学观点——坚持认为个体自由无法约束（现象学理论认为现实不过是人类的个体经验）——的种种缺陷。

1960年回国之后，布迪厄先后在巴黎（1960—1961年）和里尔（1961—1964年）的高校中任教。1964年，从里尔重回巴黎后，他加入了雷蒙德·阿隆[①]新成立的“欧洲社会学中心”。在此期间，他不仅修订了阿尔及利亚时期的实地研究成果，还着手进行了一系列以战后法国的方方面面为对象的大型实证研究课题，以发展和深化他的实践理论与研究方法。布迪厄旨在通过这些工作揭示任何可能会阻碍法国战后进一步现代化的“潜藏的”社会与文化体制。这些成果随后陆续出版，其中《继承者》（Les héritiers）（[108]，[111]）研究法国学生的文化品味；《艺术之爱》（L'amour de l'art）（[100]，[101]）探讨博物馆受众的情况；《通俗艺术》（Un art moyen）（[92]，[93]）审视摄影实践；《再生产：教育体制的理论要素》（La Reproduction. Éléments pour une théorie du système d'enseignement）则对法国的教育体制进行理论上的解读。**在这些著述中，布迪厄论证了他富有争议性的观点——“文化”是种任意建构而成的观念，也即社会群体各自建构了他们独有的、基于特定历史时期的“文化”观念。**此外，布迪厄宣称，他的研究通过实例证明：在宰制阶级那套用以确立、维持及繁衍其宰制地位的机制中，对文化的特定定义方法正是其组成部分之一。

在这一时期的研究中，布迪厄参考了大量理论著作。例如，

① 雷蒙德·阿隆（Raymond Aron，1905-1983年），法国社会学家、哲学家，新闻学家，政治科学家。——译者注

他的“科学”方法论受到了加斯东·巴舍拉①的科学史与科学哲学著述 [117] 的影响；他对象征建构之威力的解读则受到了马克斯·韦伯②19 世纪加尔文新教研究（183）的启发；而马克思主义理论则是他“为资本积累而进行斗争是社会发展的动力”这一观念的基点。

在 20 世纪 70 年代，布迪厄于《区隔：品味判断力的社会批判》(La distinction：critique sociale du jugement of taste)([39]，[44]) 中进一步阐发了他的理论观点，这本书可称得上是布迪厄最著名的作品。这本揭示法国公众文化偏好的《区隔》，甫一出版便震动了法国中产阶级，使他们认识到自己正是这个利用文化作为社会等级体系维持机制的社会的共谋。实际上，《区隔》及布迪厄随后的其他著作阐明的理论（实践理论）与方法（自反性社会学）早在 20 世纪 60 年代末（[96]，[97]）和 20 世纪 70 年代初（[25]，[34]）便已成熟，但在此时，其关注的重点已逐步从个体实践完全转向了不同场域中实践的内在动力及其相互关系。在布迪厄的众多著作中，有三本文化学著述尤为重要：即分析 1960 年代末法国学术场域的《学人》(Homo academicus)([46]，[58])，从历史学角度研究 19 世纪后半叶巴黎自律文化场域自主性的社会发生（以福楼拜③为主要研究对象）的《艺术法则》(Les règles de l'art)([63]，[66])，以及那本鲜为人知的、对提高 20 世纪 90 年代法国住房私有化程度的偶

① 加斯东·巴舍拉（Gaston Bachelard，1884-1962 年），法国哲学家、法兰西文学院院士，其主要学术贡献在诗学和科学哲学领域，影响了许多法国的新一代哲学家，如米歇尔·福柯、雅克·德里达、路易·阿尔都塞等。

② 马克斯·韦伯（Max Weber，1864-1920 年），德国社会学家、政治经济学家，现代社会学的创始人之一。——译者注

③ 居斯塔夫·福楼拜（Gustave Flaubert，1821—1980 年），法国 19 世纪著名批判现实主义作家，其代表作包括《狂人日记》(Mémoires d'un fou，1838 年)、《包法利夫人》(Madame Bovary，1857 年）等。——译者注

然因素进行审视的《经济的社会化结构》(Les structures socials de l'économie) ([74], [85])。这几部著作和其他的一些理论性著作一起，扩展了——但并未根本改变——他的早期理论观念。在这些著作中,《实践逻辑》(Le sens pratique) ([42], [60]) 是布迪厄对他较早的《实践理论纲要》([25],[34]) 的修订,而《帕斯卡式沉思》(Méditations pascaliennes) ([68], [73]) 则对知识阶层的场域和学术理性进行了细致的批判。

始终致力于揭露那些压迫社会最底层民众的“潜藏”(hidden) 机制，布迪厄的学术著述隐隐地反映出他的左翼倾向。但直到生命的最后十年，他都未直接参与政治活动。**1990 年代初期，布迪厄开始利用他身为法国社会学宗师所拥有的社会与文化资本，谋求直接对政治施加影响。**他公开呼吁知识分子们团结起来，并与其他进步社会团体合作，从而抵制新自由主义和全球化带来的消极影响。从 20 世纪 90 年代开始，他的经常性活动包括参加示威游行、在集会及媒体 ([70], [89]) 上演讲、创办立场激进的《解放》(Liber) 杂志、组建“行动理性”(Raisons d' agir) 出版社以及几个国际与欧洲的知识分子团体。

在这一时期，布迪厄也出版了几本带有论战性质的著作，这其中《举世之重》(La misére du monde) ([90], [91]) 通过一系列详细的实证研究阐明了全球化带来的消极影响，而《论电视》(Sur la télévision) ([67], [72]) 则对媒体的商业化进行了批判。总的来说，布迪厄的晚年著作传达出的，是对战后新自由主义思潮愈演愈烈和由此引起的人文价值消亡的急切担忧。

2002 年，布迪厄因癌症去世。他享有世界上最有影响力的社会学家的声誉。虽然布迪厄的研究深植于法国语境中，但是他的国际性贡献在于一种说明了社会语境的特殊性与个体实践之间的关系的新研究方法（自反性社会学）和一套能够对特定社会语境与个体实践间关系进行解读的实践理论。与同时代的哲学家不同的是，布迪厄是最早的，也是最杰出的实证研究学者。与他的人类学、历史学和社会学研究相呼应，他始终不断地发展并锤炼着自己的理论概念。因此，布迪厄总是将他的理论概念表述为一种暂定假说并坚持不懈地鼓励其他的研究者在另外的语境中进行更深入的实证研究，以对他的理论观点做出检验和详尽的阐释。

第 2 章

空间的社会建构

布迪厄的许多研究工作都致力于解读后现代社会中复杂的阶级体系，且多以法国为原型。但在学术生涯的早期（1955—1960 年），他却在阿尔及利亚观察法国殖民统治对土著文化的侵蚀情况。在尝试去解读这一状况时，**布迪厄抛弃了其本科教育期间主导的哲学思辨模式，转向人类学的调查与解释方法**。20 世纪 50 年代后期，布迪厄进行了细致的民族志学实地调查工作，其采用的手段包括观察、访谈和摄影等，而这些工作正是他此后撰写的一系列论文和专著的基础。这些论文和专著试图全面矫正法国国内——无论是左派还是右派——关于阿尔及利亚问题的流行观点，并指引阿尔及利亚人更深入地了解自己的文化遗产，从而汲取力量。

布迪厄与建筑最为直接相关的论题便在这部分作品之中，并且这些论题的关注点较为广泛，其中包括殖民者将山地居民强行迁徙至由前者设计的安置营地而造成的文化动荡（[113]）；农村居民涌入城市后面临的“文化窘境”（cultural limbo）（[99]）；卡拜尔民居的象征性内容（[4]，[9]：191-241）等。这些加起来涉及了很多论题，而 20 世纪晚期的一些新兴学科，如文化学、后殖民主义研究和文化地理学等则继续对这些论题作了进一步的探讨。

在这一时期，布迪厄也开始着手发展一种新的研究方法，这一后来被他称为“自反性社会学”的方法奠定了他影响深远的“实践理论”（[25]，[42]）的基础，而正是这一理论，才使得人类学研究得以摆脱盛行一时的结构主义导向。

布迪厄在阿尔及利亚

1954年布迪厄在巴黎高等师范学校完成了他的正规教育，由于是优秀毕业生，所以随后获得了哲学教师资格（法国高校教师资格），他的人生轨道便转向了学术研究、教学和哲学写作。但在穆兰教区的国立高等学校[①]工作了没有多久（1954—1955年），25岁的布迪厄即被法国军方征召入伍，并先后在凡尔赛和阿尔及利亚服役（1955—1958年）。1955年10月，他先被派往位于阿尔及尔[②]以西150公里的谢利夫山谷[③]的空军基地，1956年又被调回阿尔及尔，在法国殖民政府的档案与信息部工作。

青年布迪厄是在内乱时期来到阿尔及利亚的。1830年法国开始了对阿尔及利亚的殖民，这在整个北非地区是时间最长、破坏最甚的。在此期间，法国政府对这个国家实行的现代化政策有计划地破坏了当地的文化与传统生活方式。尽管阿尔及利亚人民始终致力于驱逐法国殖民者，但直到1962年7月，在经过了八年血腥的独立战争之后，这一目标才最终实现。

在这里，布迪厄得以近距离观察法国殖民主义为阿尔及利亚人民带来的苦难。以此为基础，布迪厄对阿尔及利亚的现实状况进行了政治上的分析，撼动了法国国内（包括左右两翼的）对阿尔及利亚的主流认识。服役期间，布迪厄利用为政府工作职务之便在阿尔及尔藏书丰富的图书馆里进行了大量的阅

① 穆兰教区（Diocèse de Moulins），法国天主教教区名，位于奥弗涅（Auvergne）大区阿列尔（Allier）省。——译者注

② 阿尔及尔（Algiers），现阿尔及利亚首都，同时也是该国重要港市。——译者注

③ 谢列夫山谷（Chellif Valley），位于阿尔及利亚北部省份谢利夫（Chlef）境内。——译者注

读，接触到了埃德蒙·胡塞尔①，克劳德·列维–施特劳斯和乔治·康吉海姆②的著作，还开展了实地的观察研究，并与一些阿尔及利亚学者过从甚密，其中包括埃米尔·德芒盖姆③和安德烈·努什④。借助这些当地民族志学者的隐性知识，布迪厄获得了大量的民族志学资料。([185]: 491) 在这一时期，他逐渐放弃了在哲学上的坚持，投入社会人类学中，因为他相信后者更有助于使其——如他本人所言——“写出一本有益于社会的书”([185]: 494)。布迪厄的第一部著作《阿尔及利亚社会学》(Sociologie de l'Algérie)([1]，[7])，便是阿尔及利亚研究的成果。后来他详细谈及写这本书是想要强调阿尔及利亚人民和法国殖民者在当时所处的困境——无论怎样评价后者的种族主义立场，他们在当时的境遇与前者同样应得到关注([50]: 38)，并“告诉法国人特别是那些左翼的人，在这个他们一无所知的国家里真实发生的事情”([87]: 39)。

12

《阿尔及利亚社会学》的前几章是对阿尔及利亚当地部落的直白描述，包括其人口分布、社会与经济结构。然而，最后一章“革命中的革命”(Revolution within the Revolution)则批判性地指出，当部落居民自身的传统文化、社会组织和生产方式被殖民政府的政策有计划地破坏时，殖民主义压迫如何导致了部落居民的觉醒。**受到马克斯·韦伯和卡尔·马克思政治学著作的启发，布迪厄将这种情况解读为以资本积累为基**

① 埃德蒙·胡塞尔(Edmund Husserl，1859-1938年)，德国著名哲学家，20世纪现象学派的创始人。——译者注

② 乔治·康吉海姆(Georges Canguilhem，1904-1995年)，法国哲学家、医生，主要研究领域为认识论和科学哲学。——译者注

③ 埃米尔·德芒盖姆(Émile Dermenghem，1892-1971年)，法国记者、档案管理学家、图书馆学家。按此人并非阿尔及利亚学者，作者此处似有笔误。——译者注

④ 安德烈·努什(André Nouschi，1922年–)，生于阿尔及利亚东北部城市康斯坦丁(Constantine)，历史学家，主要研究方向为北非史及中东当代史。——译者注

础的资本主义社会与以"诚信经济"(good-faith economy)为基础的前资本主义社会之间的冲突。而在本书最后，作者则以英雄主义的——或不如说是情绪化的——口吻呼唤革命的到来：

13

> 一个彻底变革的社会需要用革命性的方案来解决自己的问题……阿尔及利亚蕴含着如此猛烈的力量，以至于人们只能选择两者之一：混乱，或一种经过精心设计以满足实际情况要求的、独创的社会主义形式。

这段文字证明，布迪厄的政治同情心很明显与被压迫的阿尔及利亚人是在一条战线上的，他拒绝像那一时期的法国马克思主义知识分子那样将他们看作是"革命的农民"。相反，布迪厄将阿尔及利亚人看作是拿起武器的受害者，不是因为他们的意识形态而是因为他们无法再忍受殖民的压制和迫害。布迪厄仍然继续为阿尔及利亚人提供他们殖民之前的文化的详细知识，他相信他能够帮助阿尔及利亚人在后殖民时期进行思想意识的建设。

1958年，布迪厄服役结束之后，尽管法-阿正在激战(阿尔及利亚独立战争)，自由主义者常常遭到军队的逮捕和拷打，他仍选择留在阿尔及利亚而不是返回巴黎。随后，他在阿尔及利亚大学文学院担任助理教授，教哲学和社会学课程。这使他可以继续写作关于阿尔及利亚文化剧变的论文(1959—1960年)([2]，[3]，[4])，并且参与了两个重大的委托研究项目。第一个项目是研究城市劳动力的生成模式，研究成果是论文《阿尔及利亚的劳动与劳动者》(Travail et travailleur en Algérie)([98])。第二个项目是研究当地的山区部落被强制迁入安置营地所造成的社会影响，其成果是随后出版的专著《失根：阿尔及利亚传统农业的危机》(Le déracinement: La crise de l'agriculture traditionnelle en Algérie)[与 Abdelmalek Sayad 合著，1964 年]([112])。

《阿尔及利亚的劳动与劳动者》后经重新修订更名为《世界的觉醒》(The Disenchantment of the World)，并作为《阿尔及利亚 1960》(Algérie soixante)中的三篇论文之一出版(1977 年)([35]，[38]：1-94)，引用了大量的民族学田野调查成果(调查问卷、访谈记录、摄影照片和观察记录)，这是在 1958 年到 1961 年间由来自法国"国家统计与经济学研究所"(INESS)[①] 阿尔及利亚分部[②] 的研究小组完成的，布迪厄是其成员之一。([84]：423)**这项研究探讨的是从乡村到城市不断增多的劳动力移民的影响问题，**是应 ARDES("人口经济与社会研究协会")的要求而进行的，由阿尔及利亚发展基金[③] 提供资助。研究发现这些移民正在经历着深度的"觉醒"，这是由殖民政府的土地所有权的现代化和农业生产被迫从熟悉的乡村环境移到陌生的城市环境而引起的，在乡村，交换、赠予和承兑支撑着经济，而在城市则是市场经济和对薪酬工作的追求。

这项研究将这些不断增加的新移民定性为一种亚无产阶级(sub-protariat)[④]，殖民政策的推行越发使他们陷入城市贫民窟的穷苦生活。然而，与认为贫民窟肮脏、丑陋和混乱的

14

15

① 国家统计与经济学研究所(Institut national de la statistique et des études économiques，INSEE)，成立于 1946 年，负责收集并发布关于法国经济和社会的数据信息并进行人口普查，为欧洲统计局(Eurostat)的法国分部。——译者注

② 即下文的人口、经济与社会研究协会(Association pour la recherche démographique economique et sociale，ARDES)。——译者注

③ 阿尔及利亚发展基金(Caisse d'équipement pour le développement de l'Algérie，CEDA)，阿尔及利亚公共机构，成立于 1959 年 3 月，其职能为协助贯彻阿尔及利亚发展规划项目，并资助农业、工业、第三产业、教育、住房和基础设施建设。1968 年并入中央经济合作基金(Caisse centrale de coopération économique，CCCE)。——译者注

④ 即最底层的劳动阶级。——译者注

普遍看法不同，布迪厄把贫民窟描述为这样的地方：

> 这里有非常复杂的生活状态，也有具有内在逻辑的真正的经济。在这里你会发现很大程度的物尽其用，至少满足了很多人生存的最低要求。更重要的是，这里是可以逃离无所事事和对家庭生计毫无贡献的羞耻感的地方。（[88]：26）

然而，布迪厄描述的不仅仅是一种乐观的“贫穷经济”或“贫民窟经济”（[88]：25），40年后迈克·戴维斯[①]同样采用了这种方法（[125]）。**布迪厄还呈现了新生的城市亚无产阶级心理上的失落，就像是“飘浮在两种文化之间”（[181]：394）。**

《阿尔及利亚的劳动与劳动者》的第一部分内容是研究小组的共同成果，布迪厄独自完成的第二部分是一份分析报告，有一系列照片为依据。这些观察仔细的照片敏锐地在物质上和空间中捕捉到那些“飘浮在两种文化之间的”人们（见图2）。布迪厄是在服役结束时开始在阿尔及利亚拍照的，总共拍摄了1200多张照片。1999年，在布迪厄位于比利牛斯山的家里又重新找到了这批照片，并由格拉茨（Graz）[②]的《奥地利摄影》（Austria Camera）杂志社收藏（[80]）。之后与弗郎茨·舒西斯[③]反思、讨论这一段的经历时，布迪厄谈到他的照片有两个功能：纪录片功能，“记录事情，之后能够描述出来”；更主要的是寻找“看的方式……它使我的目光更犀利、更近地观察

① 麦克·戴维斯（Mike Davis，1946年-），美国作家、政治活动家、城市理论家、史学家。——译者注

② 格拉茨（Gratz），奥地利第二大城市，为施泰尔马克（Steiermark）州首府。——译者注

③ 弗朗茨·舒西斯（Franz Schultheis，1953年-），瑞士社会学家。曾在布迪厄的“欧洲社会学研究中心”做访问学者。任教于日内瓦大学并在瑞士、法国、加拿大等国的多所大学任客座教授。现任教于瑞士圣加仑大学（Universität St.Gallen），并担任布迪厄基金会（Fondation Pierre Bourdieu）主席。——译者注

图 2　被进口的法国时尚女鞋吸引的身着传统服装的阿尔及利亚妇女

事物并发现进入对象的途径”（[175]: 24）。布迪厄的照片探究了居住的概念，特别是社会、文化、空间和物质之间的相互关系而不是建筑形式的审美维度。例如，作为《阿尔及利亚的劳动与劳动者》实地调查工作的一部分，布迪厄拍摄了沿街叫卖者和街头小贩搭建的小屋（他关注的是具体的建筑物而非抽象的建筑风格或艺术），这证明他们有发明新的体面职业的能力，也巧妙地创造了与“真正的”商店橱窗相同的效果（[175]: 26）。在阿尔及尔市东南 50 公里处的一个商贸小镇布利达[①]，

① 布利达（Blida），位于阿尔及利亚北部，为同名省份的首府。——译者注

布迪厄还拍摄了一系列令人心酸的照片，通过法国与阿尔及利亚的服装、街头标志、商业及日常用品的不和谐的并置捕捉到那个时期两种文化的巨大反差（[80]：191-216）。

《阿尔及利亚的劳动与劳动者》的最后部分描述了乡村移民在新的现代城市住房中体验到的贫困和矛盾，尽管在环境条件方面空间标准和服务设施都得到了改善（[38]：75-91）。布迪厄的调查结果表明新的居住形式破坏了部落家庭结构的运转还有工作与生活之间的传统关系。他还发现城市中的生活对居民租房的形式、燃气、电力供应及设施也产生了新的经济需求。布迪厄将城市公寓描述为“一个体现在实体空间中的、要求被满足的需求系统，一个满载期望也因此而产生了需要和习惯的世界”（[38]：85）。也就是说公寓**是为“能够满足公寓对现代人的行为要求的现代人”而制造的**，不是为那些习惯了农业生活方式的人制造的（[38]：86）。就时间而言布迪厄的分析晚于恩格斯 1845 年的一篇关于工人阶级的住房的反资本主义的短文（[127]）。布迪厄指出住房是一种社会控制的机器，但在阐发关于权力与空间关系的一般性理论上，布迪厄又比亨利·列斐伏尔①的《空间的社会化生产》（The Social Production of Space）（[148]）提前了大约十年。

17

《失根：阿尔及利亚传统农业的危机》（[113]）是基于对殖民政府政策的研究的，这一政策使得阿尔及利亚北部山区的柏柏尔人流离失所，迁入安置营地。政府将安置计划视为破坏民族解放阵线②游击队根据地的手段，而这一政策至 1960 年为止导致了占阿尔及利亚人口 1/4 的人被迁移。本项研究也

---

① 亨利·列斐伏尔（Henri Lefebvre，1901-1991 年），法国马克思主义哲学家、社会学家，以其日常生活批判理论与方法而知名。

② 阿尔及利亚民族解放阵线（Front de Libération Nationale，FLN），阿尔及利亚社会主义政党，成立于 1954 年 11 月 1 日，其政治目标为驱逐法国殖民者，赢得国家与民族独立。——译者注

是应“人口经济与社会研究协会”(ARDES)的要求而进行的，并由阿尔及利亚发展基金提供资助。实地考察工作是在 1959 年和 1960 年间由布迪厄与一位出身于卡拜尔部落[一个来自卡比利亚(kabylia)地区的柏柏尔人部落]的阿尔及利亚学者阿卜杜勒·萨亚德(Abdel malek Sayad)共同完成的。研究工作包括对安置营地的居民的大量访谈，以及进入到阿特拉斯山(Atlas Mountains)[①]“禁区”的危险的考察也即对被法军焚毁的山地民居和村落进行记录与拍摄(见图 3)。

18

图 3 “失根”时期被法国军队焚毁的一座卡拜尔民居

① 阿特拉斯山脉(Altas Mountain)，为非洲西北部山脉，全场约 2500 公里，穿过阿尔及利亚、摩洛哥与突尼斯。最高峰阿德拉尔(Adrar)峰位于突尼斯西南部，最高海拔 4165 米。——译者注

这本书令人印象深刻地描述了山区村落如何被有计划地破坏，以及安置营地的选址、形式确定和组织方式如何摧毁了传统的柏柏尔人的生活方式。例如，安置营地通常带有围墙和带刺的钢丝网，各家的畜舍与储藏室不再置于民房内，而在围墙内侧与卫兵室一道作集中设置。家庭生活和工作被划分开（见图4）。该书还描述了位于耶巴布哈[1]的安置营地军事化的、管制严格的布局如何破坏了柏柏尔人以分散的家庭排布实现其群体认同的能

19

图4　位于科罗区爱因·阿格巴尔[2]的一座为山区部落设置的安置营地

① 耶巴布哈（Djebabra），小镇名，位于布利达省（Blida）。——译者注

② 爱因·阿格巴尔（Ain Aghbel），村落名，位于斯基克达省克罗（Collo）区。——译者注

力，克尔克哈[①]营地的113户人家则被安置在一片没有能耕作和放养牲畜的土地、设施的多沼泽的平地中，如此一来也就没有了谋生的可能性（[113]: 59-67）。

该书最后描述了居住模式与家庭空间的被迫改变对柏柏尔人的文化造成了怎样的不可逆转的破坏性影响：

> 这就是说殖民者是否已模糊地意识到了这一人类学法则：栖息地结构是文化最基本结构的象征性投影；对栖息地进行重组会引起整个文化系统自身的全面改变。（[113]: 24）

虽然《失根》在1962年便已完稿，但由于其敏感的政治内容阿尔及利亚发展局将它的出版延后了两年，或许这并不让人感到惊讶。

《阿尔及利亚的劳动与劳动者》和《失根》并不仅是对所发生事件的单纯记录。布迪厄后来说，他当时的目的是想弄清楚这种强制性大规模人口迁徙的内在逻辑以及所导致的超历史性的影响（[88]: 27）。因此，**依照马克思主义的叙事传统，布迪厄宣称他自现场调研所得的实证资料证实了他的假说：殖民政府蓄意向阿尔及利亚生活方式中引入“瓦解”性因素，以确保他们继续保有权力并获取更多的经济利益。** 20

布迪厄的阿尔及利亚研究——结构人类学及其他

1961年5月，布迪厄突然结束了在阿尔及利亚的活动，这是因为军方建议他离开否则会有被暗杀的风险。无论社会关系还是发表的著作（[2]，[3]，[5]），都使得他被极右翼看作

① 克尔克哈（Kerkera），小镇名，位于阿尔及利亚东北部的斯基克达省（Skikda）。——译者注

极度危险的麻烦制造者。1961年4月阿尔及尔右翼政变[①]之后，阿尔及利亚法国殖民政权的支持者编订了一个必须除掉的人员的名单，而布迪厄名列其中。幸运的是，当时法国的顶尖社会学家之一、时任阿尔及利亚和突尼斯中学学位授予评审委员会主席的雷蒙德·阿隆曾在造访阿尔及尔时注意到了布迪厄，于是在此时促成了布迪厄调至索邦大学[②]艺术学院任教。尽管在第二年，他又转到里尔三大[③]教书。在巴黎的这一年中他重读了马克思的著作，并数次参与结构人类学家克劳德·列维-斯特劳斯——其时已有执法国学术界牛耳之势——于法兰斯学院主持的学术研讨会，以及人类学博物馆[④]的民族志学讲座（[50]: 39）。这些经历促使布迪厄转型成为了结构人类学家，并从这套新理论的“视角”重新审视了阿尔及利亚的实地调研成果。**他当时认为，结构人类学可以帮助后殖民时期的阿尔及利亚人民深入了解本民族前殖民时期文化的深层结构，从而为建立一个真正意义上的后殖民时期的阿尔及利亚奠定基础**。后来，在《阿尔及利亚1960》（Algérie soixante）（[35]，[38]）中，布迪厄概述了他所认

---

① 阿尔及尔政变（Putsch d'Alger），由于1961年法国总理米歇尔·德布雷（Michel Debré）代表时任总统戴高乐与阿尔及利亚民族解放阵线（FLN）达成秘密协议，计划允许阿尔及利亚独立。部分不满的法属阿尔及利亚退伍军官联合法国军方人员发动政变，意图推翻戴高乐政府并建立军事独裁政权。政变开始于1961年4月21日下午，于26日以失败告终。——译者注

② 索邦大学（University of Sorbonne），即巴黎大学（Université de Paris），建校于12世纪，为欧洲历史最悠久的大学之一。由于其高等学院机构在1257年为罗伯特·德·索邦（Robert de Sorbon）建立，时名索邦学院（Collège de Sorbonne），故该校亦常被称为索邦大学。——译者注

③ 里尔三大（University of Lille），此处指夏尔戴高乐里尔第三大学（Université Charles-de-Gaulle -Université Lille III），前身为1562年建校的杜埃大学（Université de Douai）的人文学科。——译者注

④ 人类学博物馆（Musée de l' Homme），成立于1937年，其主题为人类学，为法国国立自然历史博物馆（Muséum national d'histoire naturelle）七大分部之一。——译者注

为的阿尔及利亚民族志学者所应承担的政治使命："对一位民族志学者的最高要求，就是他可以帮助他人回忆起那些因包括殖民体系在内的许多因素的作用被遗忘的自身行为的意义"（[38]: ix n.1）。尽管结构人类学的大前提——人们可以通过观察现在来了解过去——后来遭到了学术界的严厉批评（[137], [138]），但在当时，布迪厄试图恢复旧有农业文化的意图恰与阿尔及利亚新兴精英阶级的观念形成了鲜明的对比——后者认为唯有破除旧文化方能创建一个现代的后殖民阿尔及利亚。

21

以揭示阿尔及利亚前殖民时期文化的核心深层结构为目标，布迪厄的阿尔及利亚研究虽然持续时间很短暂，却取得了一定成果，这其中就包括了在结构主义房屋研究中或可称为最负盛名的那项。在这项影响深远的卡拜尔（或柏柏尔）民居研究中，布迪厄采用了克劳德·列维－施特劳斯的理论范式。上承费迪南德·德·索绪尔[①]关于语言结构的著述，列维－施特劳斯指出，各文化系统会在无意识中建构一种约定俗成的解读方式，以求理解它们所处的世界。这种解读方式类似于这样一种系统，它最鲜明的特征是拥有一种潜在的语义结构，能够通过一套二元的对立层级体系将该系统中互不相关的部分联结起来。列维－施特劳斯启示人们，文化中的一些象征性因素正是这种无意识结构的明证，如语言、用具、宗教与世俗建筑、装饰、艺术、神话、歌曲、仪式等。普通人难以发现这些，训练有素的人类学家却可以。对此列维－施特劳斯曾在关于食物的结构主义研究著作《生食与熟食》（The Raw and the Cooked）（[149]）中进行过著名的阐释，他指出食物生熟的二元对立正是更为基

22

① 费迪南德·德·索绪尔（Ferdinand de Saussure，1857-1913年），瑞士语言学家，符号学家，为20世纪现代语言学的奠基人，也是符号学的开创者之一。——译者注

本的自然与文化的二元对立的直接表达。他进而提出，正是通过生活的象征性维度，一个文化系统的历史、价值观与信仰才能被人们接受、繁衍并习得。

效法列维－施特劳斯的研究方法，布迪厄将卡拜尔社会中最重要的居住建筑作为结构主义分析的首选对象。尽管当时已有许多对卡拜尔民居的人类学解读，但布迪厄指出这些研究并不充分，既无法解释家用器物及居住者活动的存在，也不能揭示其意义（[16]: 152 n.2）。布迪厄认为，建筑、器物和活动均处在同一个象征系统内，据此布迪厄从结构主义视角对他的田野工作的资料进行了分析，这些资料（照片、调研笔记和访谈记录等）均是从阿尔及利亚卡比利亚山区的多个村落及安置营地收集来的（[34]: 204 n.54）（见图 5）。

据布迪厄后来的回忆，他的这些现场资料详细记录了卡拜尔文化的许多方面（如农业历法、社会集团划分、住房与村落的结构、性别分工、空间组织、婚嫁仪式、农耕、烹饪、编织、制陶、谚语、歌谣、诗歌和通过仪式[①]等）。他最初将这些资料誊写在 1500 张卡片上，随后制作索引和分析，以寻找结构上的关联（structural links）（[60]: 8）。研究结果最初发表在论文“卡拜尔的民居或翻转的世界”（La maison kabyle ou le monde renversé）（[4]）中，随后又稍作修改，约十年后收录于列维－施特劳斯60岁寿诞的纪念论文集（[17], [16]）中。这篇论文对卡拜尔民居的理想状态（作为卡拜尔文化的提喻）进行了极为生动的描述，但令人遗憾的是只有两个图示：一个是房屋的朝向示意图，另一个是室内平面布置图。

正是这篇论文的修改版，得到了全世界人类学家、文化理

① 通过仪式（rite of passage），人类学用语，指为标示个人由一阶段进入另一阶段而举行的仪式，如成人礼。——译者注

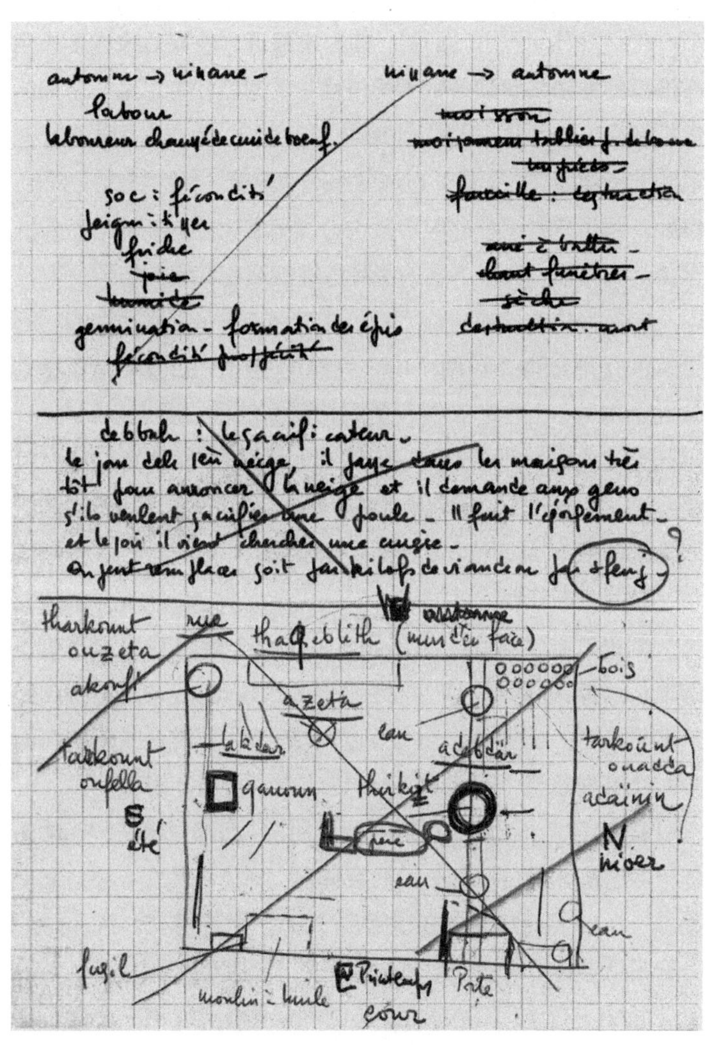

图 5　卡拜尔民居平面示意草图，由布迪厄现场绘制并注释

论家、社会学家和建筑师的广泛认同，并因此多次再版（[25]: 45-69，[27]，[75]，[81]）。**其影响深远，使得后来许多人用布迪厄的方法来解读各种不同语境中的家庭住宅形式与空间的象征涵义**（[155]，[159]，[163]，[165]）。要想真正领会布迪厄阐述的精妙之处，唯一方法就是阅读原文（[4]，[16]，[17]）。然而，鉴于这些论著的内容复杂，读者又可能对布迪厄著作的整体结构不甚熟悉，下面的解释也许能略起介绍的作用。

文章首先对该民居作了白描式介绍：一个规模适中的粗石砌筑的矩形结构，有两个门，完整的室内空间被一堵矮墙划分为两部分；三分之二供人使用，设有灶台、厨房与织布机；另三分之一则地面较低，采光略差，用于蓄养动物和放置存水容器（见图 6）。该文到此为止都是纯粹的描述，所描述的对象都仅仅是从使用功能的角度出发的。

然而，布迪厄继续指出，仅从功能出发是无法充分解释此类民居形式。他认为，与卡拜尔的神话－仪式系统紧密相连的信仰和实践模式，作为社会的核心组织原则，正是民居形式的根本性决定因素。他还认为卡拜尔民居正是"依照那套同时也支配着整个宇宙的二元对立体系而组织起来的"（[16]: 160）。换言之，正如西尔维斯坦[①]所说，布迪厄将住房描述为"一个自成一体的、有形的社会体制，（以）提喻（部分代指整体）一种具有植根性的文化统一体，而这种文化统一体的存在是民族志学家无法（或再也无法）直接观察到的"（[176]: 554）。布迪厄接下来的论述则试图证明：卡拜尔人与富于神话色彩的自然世界、季节交替、日夜更迭、生命循环、繁衍后代等的紧密联系正反映在居住建筑的种种属性中，如朝向、

① 保罗·亚当·西尔维斯坦（Paul Adam Silverstein，1945 年－），美国人类学家、语言学家、心理学家，现任芝加哥大学（University of Chicago）教授。——译者注

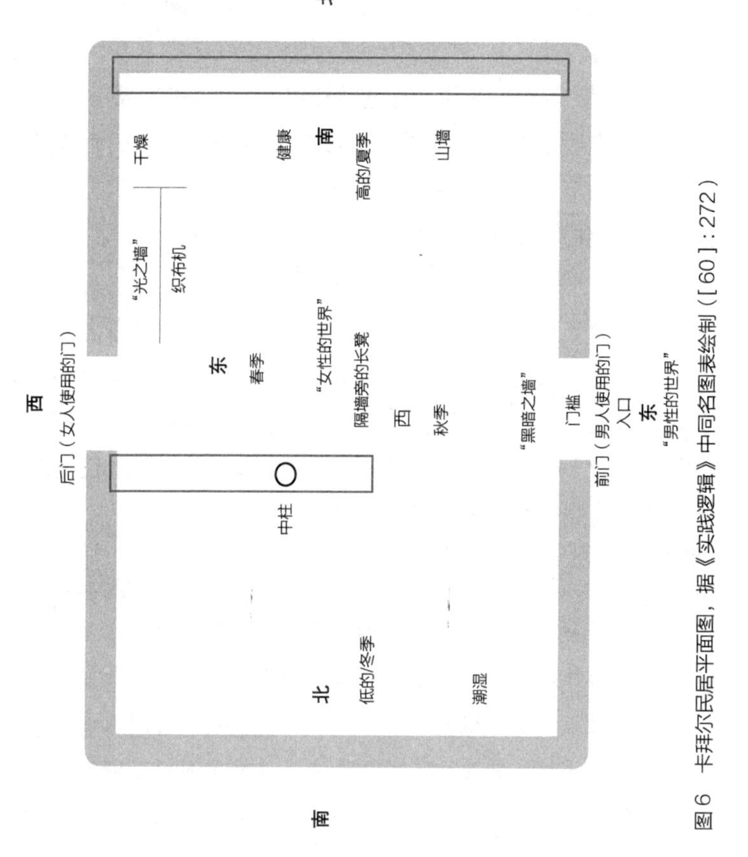

图6　卡拜尔民居平面图，据《实践逻辑》中同名图表绘制（[60]：272）

形式、结构、布局、物品及其功能的象征意涵，尽管布迪厄也不得不承认仅靠卡拜尔文化的象征意涵系统并不能完全解释或决定民居形式（[16]: 153 n.5）。此外，作为结构主义者，布迪厄尝试说明了这些象征意涵是如何常常以二元对立（如男 - 女、高 - 低、人 - 畜、昼 - 夜、湿 - 干等等）的形式表达出来的，以及每组对立概念是如何通过类比、同源语、隐喻、对比和二律背反等形式在层级化的结构中联结为一个完备而平衡的系统的。举例来说，布迪厄指出住房的朝向主要由卡拜尔人的宇宙观念决定，于是中轴线为东西向，使入口可以朝着日出的方向。进一步讲，从东 - 西这组初级二元对立概念出发，可以生发出一系列同源的次级二元对立概念，如晨 - 昏，春 - 秋，光 - 暗，男人的门—女人的门。

可以说布迪厄最具独创性的阐释是他对房屋中男 – 女这对初级二元对立概念的解读。他提出，从“男人是屋外的灯而女人是屋里的灯”（[16]: 160）这样的谚语来看，卡拜尔人将室外定义为男性的，而室内则为女性的，因此关于住房的男性解读同女性解读就是二元对立的：

> 然而，对男人来说，住房在更大意义上是一个要走出来而不是要进去的场所；而女人只能将这两种活动以及分别与这两种行为密不可分的对房屋的不同定义赋予截然相反的价值与意义。这是因为对女人而言，走出房屋最通常意味着被休弃，且她的特定角色决定了她要对所有朝向内部的行为负责，也就是说，从门口到壁炉。（[16]: 165）

接下来，布迪厄指出，同样一面墙若对“男性”的室外而言是东墙，则对“女性”的室内则为西墙。同样地，对“男性”的室外而言的西墙，对“女性”的室内则为东墙。他进一步说明，西内墙由于正对大门而沐浴在阳光中，因此被称为“光之墙”，与黎明、春季、繁殖以及织机上的劳动相关联。相对地，东内墙由于背向从敞开的大门射入的阳光，故为“暗之墙”，对应着储水处、男人卧处和房屋黑暗的尽头——即畜舍。布迪厄还提出，对民居性别式（gendered）解读可以应用到对山墙的二分法解读上：

> 同样地，两面山墙，即畜舍端和壁炉端的墙，当从内外两侧进行观察时，其意义是截然相反的：室外所见的北墙即室内所见的南墙（夏季）——在由户外向织机移动的进入者的右前方；而室外所见的南墙即室内所见的北墙（冬季），也就是说，畜舍位于后部，当从门口进来面向壁炉时，它在左手边。（[16]：168）

他还揭示了蕴藏在民居主体结构中的男－女二元对立：

28

> 在隔墙的中心……立着主要的柱子，支撑着房子的主梁和整个框架。现在，这个主梁和山墙联系在一起，于是男性的部分到女性的部分都被覆盖起来得到保护。这根主梁（asalas alemmas，阳性词）清晰地象征着房屋的男主人。而同时，支撑它的主要立柱，一根带有树杈的树干（thigejdith，阴性词），则代表着女主人。（[16]：156）

而通过如下说明，布迪厄为他对民居之男—女象征意涵的独创性阐释作出总结：

> 每一面墙的外侧空间在室内都有与之对应的区域……使得这一内在对立（internal opposition）系统表现出某种对称和翻转意味：内外空间中的任何一方都可以通过这样一对行动来定义，也即这对行动中任何一方都能够使得内外空间位置互换——即 180° 的翻转，而门线则是翻转的轴线。（[16]：168）

换言之，他指出民居的门线在男性世界和女性世界（或者可以称为“翻转的男性世界”）之间充当着神奇的转轴作用。

接下来，布迪厄还提到了另一个以最根本的自然 –文化二元对立为基础的象征系统，他宣称该系统在民居具有象征性的平面布局与使用中建立起了一系列相互关联的二元对立概念。

比如说，布迪厄认为自然 –文化这组二元对立概念，不仅体现在室内空间的南（人类使用）北（畜禽使用）划分中，其迹象也能从一系列其他的次级二元对立关系中找到，如：低 –高、暗 –亮、石板铺地 –黑黏土与牛粪铺地；潮湿食物的或生食贮存处 –干燥食物贮存处、女性卧处 –男性卧处、私密的自然行为（性交、出生、死亡、禁忌）–开放的文化行为（生火、炊煮、编织、待客、有关荣誉的行为等）。

29

不可否认，布迪厄精到入微的解读相当令人惊叹。然而，在他论文发表后的数十年中，学界对结构人类学的批评愈演愈烈，而他的这份研究也未能幸免。理查德·詹金斯[1]在《皮埃尔·布迪厄》（Pierre Bourdieu）（[145]：36–39）一书中对关于布迪厄此文的主要批评意见进行了条理分明的总结：第一，由于布迪厄对民居的描述是以被驱离的人们对故园的怀想为依据的，因此仍只是一种“理想化的”、非历史的（即与历史无关的）原型（即一种原初的模式或类型）；第二，在布迪厄文中，卡拜尔社会的个体成员并非活生生的人，而是其生活方式已被民居形式与文化习俗预先限定好了的抽象客体；第三，在布迪厄的推断中，所有象征符号的意义从来都是清晰明了的，这使得多元化的解读和异议都失去了立足空间［德·塞杜认为真正的人类活动在规则的夹缝之中（[125]），而这一观

[1] 理查德·詹金斯（Richard Jenkins，1952 年 –），英国社会学家、人类学家。现任英国谢菲尔德大学（University of Sheffield）社会学系教授。——译者注

念在布迪厄绝对化的模型中是完全没有生存空间的]。最后，批评者认为，布迪厄对各组象征性二元对立概念及其相互之间关联的揭示，仅是一位西方人类学家基于想象力的艺术创造，并未阐明真实存在的意义结构。

巧合的是，布迪厄在与其卡拜尔民居分析同时撰写的一些论文——《阿尔及利亚农民的时间观》（The Attitude of the Algerian Peasant towards Time）（[8]）和《卡拜尔社会的面子情感》（Le sentiment de l' honneur dans la soci-été kabyle）（[4]，[9]）中，已清晰地表明了他对结构主义范式中潜藏着的客观主义的日渐失望。后来，他的《实践逻辑》（Le sens prfatique）（[42]，[60]）作为附录之一收入了这篇卡拜尔民居研究（[60]: 271-283），并且在书中他承认了研究的局限性，还表示日后提出的“实践理论”将能动主体观念（即关注重心由规则转向策略）与自反的人类学家（即将对象化过程对象化的过程）加入结构主义范式，从而在一定程度上弥补了该范式的缺陷（[60]: 30-41）。

30 第3章

品味的剖析

上一章讨论的布迪厄的卡拜尔研究说明了在物品和实践行动中展现出来的那些“约定俗成的”，或者说经过建构的部落文化的象征性维度是如何巩固并繁衍部落成员共同的宗教信仰、意义系统与价值观念，从而维持了部落的社会凝聚力的。在这一问题上，卡拜尔，或柏柏尔民居的“理想化”研究（[4]，[15]，[16]）给出的是一个直观的案例，即民居的物质空间属性——如朝向、布局、家具布置——与居民的日常与周期性活动及风俗仪式是一致的，并共同维持着卡拜尔社会成员共用的意义系统和社会结构。此外，在早前的《阿尔及利亚社会学》（[1]）中，布迪厄曾指出，部落会以象征性物品与实践活动区分其成员：那些拥有重要物品或进行重要活动的成员会被他人另眼相看，也即获得某种社会地位。此后不久，布迪厄对故乡贝亚恩省[①]农民的婚姻“竞赛”（game）进行了研究，其成果即《未婚农民及其生活状况》（Célibat et condition paysanne）（[6]），而该文证实了他通过阿尔及利亚研究所得的结论。研究发现，一名贝亚恩单身汉拥有的“象征资本”（symbolic capital），包括他住宅的层数（“大”房子或“小”房子）以及家族的地位（“大”家族或“小”家族），对他的社会地位的影响同他的财产或者说“经济资本”（economic capital）同样重要。这两项

① 贝亚恩（Béarn），法国西南部省份，位于比利牛斯山脉山脚下的平原地带。——译者注

研究虽然分别针对阿尔及利亚和贝亚恩这两个不同的环境，却得出了一致的结果，这使得布迪厄提出，他的“象征资本”，正是更为普适的“实践理论”的基础概念之一。

该观念颇为激进，因为其驳斥了当时占据主导地位的结构主义观念——后者认为象征领域是人类思维逻辑的产物，并提出了一种将象征性实践与经济实践相提并论的实用主义模型——也就是说象征性实践是一种在社会等级体系中争夺优势与地位的策略——以取代前者。**根据布迪厄的“实践理论”，所有的行为，即使是那些被认为无利的、无目的的行为也是经过经济上的考虑的，也是以实现物质和象征收益的最大化为目标的**（[34]：177–178）。因此，卡拜尔与贝亚恩的实地调研催生了这样一种观点：象征性用品及实践活动在建构、维持繁衍“约定俗成的”（arbitrary）的社会价值观念与实践模式以及标示社会差异上扮演着重要的角色。虽然形成这一观点的，是布迪厄对前工业社会所做的研究，但在里尔三大任教期间（1961—1964年），他开始着手对这一观点进行检验，看它们是否能够进行延展从而适用于法国这样的社会差异非常显著的工业社会中的人类实践。

早期法国文化研究

在整个20世纪60年代与20世纪70年代早期，布迪厄以法国社会林林总总的文化品味与实践为观照对象，进行了一系列实证研究。这些研究——既从方法上也从理论上——奠定了《区隔》（[39]，[44]）的基石。该著作主要探讨基于社会阶级的审美建构及其对于确保精英阶层的利益所起的作用，产生了深远的影响。

32 布迪厄于1961年回国，正逢战后重建的社会思潮，当时普遍认为教育是达成经济、社会与文化重生的关键手段。戴高乐总统平等主义的治国构想也包括在普通群众中普及“高雅”文化，以助于提高国民素质，为社会注入创造力。为此戴高乐推行了诸多措施，从提高法国教育的普及程度，到在全法国大量兴建文化中心（[139]: 40）。在此种思潮的影响下，布迪厄决定对法国教育系统进行研究，而这一决定，无论是从他在里尔三大艺术学院打下的基础，还是自1964年开始在巴黎“欧洲社会学研究中心”所处的地位来看，也许都是丝毫不令人意外的。布迪厄研究教育系统的第一本著作《继承者：法国学生与文化》（Les héritiers：Les étudiants et la culture）（[108]，[111]），收录了他以里尔三大及其他一些法国省立大学学生的文化品味与实践为对象进行的大规模社会学研究的成果。

这项研究是以对学生们的问卷调查为基础的，问卷内容是询问他们对各类文化形式和文化从业者的看法，这使布迪厄能将学生们的艺术能力与各自的社会经济背景关联起来。研究发现，家境优越的学生在进校之初，已经与文化精英阶层在习惯，包括着装品味、言谈举止和艺术、音乐、文学素养等方面有着密切的关系。更进一步说，**布迪厄通过研究指出，高校的教育系统，包括组织结构、教学方式和校园风气，会理所当然地偏爱这类学生，而将社会出身较低的学生置于不利的境地**。在这一时期，对于他所发现的教育系统的不公平，布迪厄的“解决办法”是提倡一种“理性教学法”，这种方法可以充分尊重每位学生的个性，而非仅使优势群体“富者愈富”（[178]）。布迪厄相信，这种“理性教学法”能够使先前被排除在外的阶层同样接受教育，并因此得以接触高雅文化。

33

1964年，布迪厄从里尔来到巴黎，就任“社会科学高等研究院”主任一职，并开始与之前创立了“欧洲社会学研究中心”的雷蒙德·阿隆共事。在此后的数年中，布迪厄继续通过关于法国文化实践的一系列实证和理论研究来发展他的实践理论（该理论旨在探讨以下三者之间的相互关系：个体行为、个体行为所在的直接语境与这一语境在社会空间中的定位）。同时，他发展出了一套“自反性”社会学研究方法（即抛弃了形式主义和结构主义的研究方法），从而对巩固社会学这一新兴学科做出了重大的贡献。而他那本作为社会学研究教科书的《社会学技艺》（Le métier de sociologue）（[95]，[96]）的出版，则标志着这套方法的最终成熟。此外，他的研究课题则可以使他继续检验与修正他关于实践性质的假说和社会学的研究方法。

参观博物馆

布迪厄于20世纪60年代开展的三项研究都与他一直以来对审美、文化与社会之间关系的持续拷问紧密相关，其中两项是实证研究，另一项是理论性的。第一项研究，即出版于1966年的《艺术之爱：欧洲的艺术博物馆与其观众》（L'amour de l'art: les musées d'art européens et leur public）（[100]，[101]），关注的是法国公众参观博物馆的习惯，并采用了之前已在《继承者》中用过的定性与定量并举的研究方法。研究选取了一些人作为样本，向他们询问了一系列关于博物馆参观习惯的问题，如多久参观一次、比较喜欢哪种类型的博物馆、每次参观花多少时间、在每件展品上花多少时间以及认为博物馆更像教堂还是图书馆。也许在意料之中的是，调查结果显示：大部分教育程度较高的受访者

表示更喜欢高雅艺术博物馆，他们常常参观博物馆，每次参
34 观和在每一件展品上均花费较长时间并且觉得博物馆更“像”图书馆。相比之下，教育程度较低的受访者较喜欢民族志学类型的博物馆，他们很少参观博物馆，花在每次参观和每件展品上的时间较短并且认为博物馆更“像”教堂。**引发更多争论的是布迪厄的研究用证据说明了博物馆体制本身，包括其构成、规则和形式，与教育程度较低的群体是如此疏远，致使他们望而却步，从而驳斥了“博物馆对所有人都是开放的”这一普遍观念**。而在这一时期，他仍然相信充分激发教育的潜能可以改善这一局面，因此坚持认为所有的文化机构，如《继承者》中论及的高校，需要改变其教学实践模式，从而使社会所有群体都有接触高雅文化的均等机会。同时他提出博物馆需要调整参观方式，从而使教育程度较低的群体参观起来更容易些，也感觉更自在些。但即便是布迪厄自己的研究成果也表明，这种倡议只不过是能够吸引更多的中产阶级观众而已。

35 接下来，布迪厄以上述调查所得材料来支持他的总体论点：即无论是对高雅文化（即文化精英看重的文化形式）的正统化，还是在文化精英的子女身上繁衍这种高雅文化，文化机构均发挥着重要的作用。

在访谈中，布迪厄询问了受访者关于博物馆的展品的概念与认识，并用他们的回答来论证了他关于艺术欣赏的激进假说。他认为欣赏艺术的能力并非天资，而是一种通过社会教化方可习得的能力或者优雅品味。这种能力只不过是被拥有它的人们貌似“自然”地表现出来，以作为向缺乏这种能力的，即“低”品味的人们展示优越性的手段之一（[101]：1）。按照布迪厄的观点，对于一幅画的任何审美解读，都需要观者拥有一套正确的“密码”去破译作品形式的和象征的种种

面貌。而这些因素在布迪厄看来，正是由文化精英在特定的社会历史语境中建构起来的。为证明这一观点，布迪厄引用了下列调查结果：第一，教育程度较高的博物馆参观者在绘画和手工艺品前停留时间最长（也即是说他们拥有欣赏这些作品所必需的密码）；第二，教育程度较高的参观者事先就对艺术家、艺术史分期和艺术风格有所了解（即他们能发现某一作品同其他作品的联系），而教育程度较低的参观者则没有；第三，教育程度较高的参观者能够通过某一艺术或手工艺作品与其他作品在形式特征、风格、技法和意义上的联系对其进行描述，而教育程度较低的参观者则只能给出功能性和字面上的说明。布迪厄得出的结论是，有能力对文化作品进行解码，并因此可能从参观博物馆当中获得教益的，只有已被成功教化的人。

艺术认知的理论

在《艺术认知的社会学理论要素》（Éléments d'une théorie sociologique de la perception artistique）（[13]，[14]，[105]：215-237）这篇纯理论性的随笔中，布迪厄详述了审美认知的"约定俗成性"（即社会建构性）。这篇随笔不仅深化了他在《艺术之爱》中提出的观点，并对他早期另一篇关于艺术品生产的理论性论文——《知识阶层场域与创作规划》（Champ intellectuel et projet créateur）（[10]，[11]，[15]）作了补充。在这篇早年发表的颇具影响力的论文中他曾提出，**艺术品生产与接受发生在特定的社会历史环境中，而正是这种环境决定了什么样的作品能够以及如何能够得到重视**。而在《艺术认知的社会学理论要素》中，布迪厄进一步对审美认知进行了定义：

36

以一种纯粹的审美方式——这类似于所指（signifies）仅仅是其自身的能指（signifier）——对一件艺术作品进行认知[①]，并非将这件作品传达的感情和知识看成是孤立存在的，而应该在作品与——而且仅仅与——同一类所有作品的联系中关注其风格特征。（[105]：222）

尽管布迪厄对审美问题的兴趣在他当时的阿尔及利亚研究（[4],[9]）和贝亚恩文化研究（[6]）中已清晰可见，但直到《艺术认知的社会学理论要素》的发表，其研究的新方向，——即开始明确地议及关于审美的学术著作——才体现出来。

举例来说，这篇论文引用了埃文·潘诺夫斯基[②]关于艺术欣赏的三个层次的准科学（quasi-scientific）概念，可以概括为：一，对创作题材与表达质量的直接识别（“未受过教育的观者”）；二，观看时对惯例符号（图像）的识别与理解（“受过教育的观者”）；三，认识到一幅画是艺术家在某个社会语境中创作出的成果（“艺术史学家”）（[160]）。也许并非巧合，37 这三个艺术认知层次正对应于布迪厄大约四年后在《实践理论纲要》（[25]，[34]）中总结出的知识的三种类型——“主观的”、“客观的”和“自反性的”。然而在这篇短文中，布迪厄使用潘诺夫斯基的层次说意在指出艺术家的创作意图同观者因人而异的作品认知之间，不可避免地存在偏差。对此他解释道：

① 布迪厄原文为 The perception of the work of art in a truly aesthetic manner, that is, as a signifier which signifies nothing other than itself。本书作者在引用时省略了从“The perception…”至“…manner”一段，造成语法结构混乱，今译文包含被省略的部分。——译者注

② 埃文·潘诺夫斯基（Erwin Panofsky，1892-1968 年），德国著名艺术史学家，主要学术活动在美国进行。其研究成果对现代图像学研究有重大影响。——译者注

> 艺术认知手段之发展史对艺术创作手段之发展史是如此重要的补充，以至于可以说每件艺术品都经历了两次创作：一次由作者创作，另一次由观者——或者不如说由观者所属的社会——创作。（[105]：224）

这一论述驳斥了那条不成文的普遍观念，即认为艺术品的意义是以某种方式潜藏在艺术品中的，仅仅等待着被具有合适审美能力的观者发现。接着，布迪厄对潘诺夫斯基的观点进行了激进的政治化，**提出所谓“受过教育的观者”所展现出的那种艺术能力（能够依照当时的审美密码广泛地对各类文化作品进行解读），是良好的家教——包括反复的文化熏陶——与学校教育共同作用的结果，**因此既非生而有之，亦非人皆所能。

38

他同时提出，艺术能力作为一种文化资本，其积累过程同其他资本一样，是不公平的（[105]: 227-237）。于是，拥有这种能力的人从自身利益出发，不得不去定义何为艺术能力以及谁可以获得艺术能力。布迪厄进一步指出，通过保证这种能力仅为少部分人所有，拥有者们才能确保这种能力所具有的文化价值。

如此，在布迪厄看来，法国教育系统作为资本（无异于权力）最雄厚之人手中的工具，其组织模式本就是为了将文化的某些特定形式进行正统化，使后者成为自然的或优等的（其他形式的文化则自动沦为不正当的和劣等的），并且确保只有那些出身于资本雄厚家庭的学生才能被成功教化（[105]: 232）。此外，在早前的《继承者》（[108]，[111]）一书中，布迪厄提出教育体系会通过潜移默化的方式歧视缺乏这种文化能力根底的学生，从而导致他们自惭形秽地把自己排除在教育之外，并以此确保文化精英阶层的繁衍及文化能力（“文化”资本）的稀缺性与珍贵性。

在文章的最后，布迪厄重申了在《艺术之爱》（[100]，[101]）结语中提出的观点，即教育改革提供了一种可以平等地获取正统文化的方式：

> 学校的本质功能应为寻找适当的方法，以开发或培养这样一种思想倾向，而正是这种倾向才能造就受教育者，且能够在质与量上均奠定毕生对文化孜孜以求的思想基石。只有像学校这样的机构，才能弥补（至少是部分弥补）那些未能从家庭获得参与文化活动的支持的人们的先天劣势。（[105]：233）

然而，仅过了两年，布迪厄就得出了令人沮丧的结论，并发表在《教育、社会与文化的繁衍》（La reproduction: éléments pour une théorie du système d'enseignement）（[109]，[110]）一书中。该书指出，**教育无法避免沦为当权者手中的工具，因此也永远不可能以有损于后者权力的方式运作**。于是布迪厄随后修正了他的政治目标，即从推动教育改革，转向帮助无权者们了解他们所受压迫中的那些“隐藏的”机制。

39

摄影与审美认知

20世纪60年代中期，布迪厄以刚刚兴起的摄影实践为对象，开展了一项大规模的实证研究。布迪厄本人就是一个摄影爱好者，这不仅有早期阿尔及利亚研究的著作为证，他还曾对故乡贝亚恩省农村社区的摄影习惯做过一个小型研究（[94]，[95]）。同“欧洲社会学研究中心”的新合作使布迪厄得以申请到了柯达公司[①]提供的研究资金，他们当时急切地想了解法国人对他们日渐普及的新产品的使用情况。对布迪厄而言，研究相对新兴然而已经无处不在的摄影实践意味着可以深入理解法国大众的审美倾向。这个项目由一个研究小组负责，包含着丰富多样的课题：如家庭摄影、各社会群体的摄影、摄影俱乐部的比较分析、职业摄影师及其审美倾向。这些研究的结果就是随后出版的《通俗艺术：关于摄影社会化功能的研究文集》（Un art moyen，essai sur les usages sociaux de la photographie）（[92]，[93]）第二部分的主要内容。

40 这些调查发现进一步证实了布迪厄之前关于审美欣赏研究的主要结论。最重要的是其确证了审美的倾向、偏好与实践之间确实存在联系，也即摄影实践是社会地位的"流露"。这些以实证研究为基础的结论在今天显得非常陈旧，因为它的提出早在高雅艺术摄影和数字摄影兴起之前，高雅艺术摄影使摄影实践的形式分成了三六九等，而数字化摄影则在不断提高摄影的便利性。然而，布迪厄在该书他主笔的导言（[93]：1-10）和第一部分（[93]：13-72）中，给出了他新近发展的"科学"研究方法和审美的社会政治建构理论的纲要，而这一点意义尤为重大。**特别值得注意的是布迪厄的论述表明了他的关注重心的转变——早期他强调客观约束条件、构成与规则控制个体行为的方式，而此时则开始着重探讨客观约束条件与个体主观性是如何共同作用以进行文化实践的。**这种对主客体关系的新理解在后来那本影响深远的《实践理论纲要》（[25]，[34]）中论述得更为具体。

---

① 伊斯曼柯达（Eastman Kodak），常称为柯达（Kodak），为主营图像处理技术与服务的商业公司，1880年由乔治·伊斯曼（George Eastman）创立，其总部位于美国纽约州（New York）罗切斯特（Rochester）。公司主要因摄影胶片产品而驰名全球，引领该产品市场近半个世纪，后于2012年进入破产保护。——译者注

在第一部分“摄影的社会化定义”一章中，布迪厄基于调查研究推衍出了关于阶级化（class-based）审美观的普适性理论（[93]: 73-98）。通过这些发现，布迪厄在一定程度上巩固了他先前关于审美与资本之间的关联的理论观点，即文化、经济和社会资本较为雄厚的人才拥有参与“纯粹的”、“无利害的”审美游戏的必要资源，而资本较少的人则无从选择，只能形成一种受制于资源的审美观——这被布迪厄后来称之为“现实品味”（[44]: 34）。布迪厄还重申了最早在阿尔及利亚研究中提出的观点——社会群体建构了他们自己独有的审美观念，而这种观念既可以表达，也可以巩固这些群体的社会凝聚力。但是与他在《继承者》和《艺术之爱》中默认的“纯粹”审美观高于“大众”审美观的观点——这从他反复呼吁帮助地位较低之社会群体接触“高雅文化”中就可看出——截然不同的是，布迪厄在这里宣称：大众审美观不仅不是“粗俗的”，而且是有独特的象征意涵与迷人之处的：

41

> 最乏味的工作中总有一些不是以简单追求效率为目标的行为，而具有最直接的实用主义导向的行为可能会引发审美的判断……因此，正统文化的世界虽然会将大多数社会成员拒之门外，审美的世界却不会。（[93]: 7-8）

布迪厄进而提出，我们必须认识到“大众”审美观对于建构它的社会群体而言是“真实的”、有意义的、有价值的，因此不应被贬低为高雅审美观或者说“优雅品味”的“陪衬”。这一主张在当时相当激进，预示着后来为后现代主义的审美和文化学隆重推出的观念（[136]）。此外布迪厄似乎也暗示：他早期在农民社会中发现的那种精巧的象征意义系统，也许在西方资本主义社会的劳动阶层中也有相应的存在。**不过，在指明“大众”审美观对于劳动阶级的真正价值的同时，他**

又指出实际上当权者（即拥有最雄厚资本的人）通过一系列机构（包括学校、博物馆、画廊等）对“纯粹的”、无利害的审美观进行正统化，从而不断地贬损“大众”审美观的价值（[93]：95）。但是在详述了这种不公的现实后，布迪厄并未像在《继承者》和《艺术之爱》中那样得出改良主义的结论，而是指出社会学家应该“致力于对那些一直被认为是常识的东西进行解读”（[93]：9），由此揭露那些制造了社会不公平的机制。

《社会科学研究文辑》

1960 年代末，布迪厄已通过一些具体案例，用实证方法证明了社会地位与审美认知及实践（如艺术与摄影）之间的联系。他还提出了一套假说，指出正统文化是一种可以在社会中流通的资本，而这种文化资本无异于经济资本，是奋斗的目标和地位的标志。在 20 世纪 70 年代，为拓宽和深化这一假说，布迪厄作了进一步的研究，并于 70 年代中期创办了期刊《社会科学研究文辑》（Actes de la recherch é en sciences sociales），旨在鼓励对日常文化的方方面面进行“社会学”研究，并为这些研究充当“传声筒”。从 1975 年直到 2002 年，布迪厄共为该期刊撰写了 80 多篇论文。在整个 70 年代，布迪厄还对阿尔及利亚的实地调研成果进行了整理，从而进一步发展了其普适性社会实践理论和社会学研究方法。而这一点最为显著地体现在他那本反结构主义著作《实践理论纲要》（[25]，[34]）以及之后出版的旨在修正该书的《实践逻辑》（[42]，[60]）中。但无论如何，《社会科学研究文辑》都是推广其一系列文化理论与实证研究的主要工具。

《象征性商品的市场》

43

在论文《象征性商品的市场》(Le marché des biens symboliques)([20], [47])中，布迪厄试图将早期艺术认知的社会建构的观念融入他最新的概念工具——“场域”之中。场域概念的产生曾受到韦伯的宗教社会学的启发，最早出现于《知识阶层场域和创作规划》([10], [15], [18])一文中。布迪厄指出，场域观念可以用来表现由艺术家、买家与中间人组成的社会群体的那种受限制的“自主”性，他们共享一套已建构而成的知识、信仰和价值观，并且依据所占有资本的情况与其他群体（场域）共存于社会空间的等级体系之中。《象征性商品的市场》拓展了布迪厄之前的观点，即文化场域被划分为两“段”。一段是规模较小的“限量生产场域”(Field of Restricted Production, FRP)，这是一种自主场域，其中消费者与生产者双方均具有较高的文化层次，且共用同一套审美欣赏的密码。另一段是规模远大于限量生产场域的“大量生产场域”(Field of Large-scale Production, FLP)，即一种由文化程度较低的生产者满足“大众”的、文化程度普遍较低的市场的需求的场域。布迪厄同时指出由于稀有性原则，处于这两段场域中的消费者和生产者都会精心选择相应的策略以期为自身带来“优越性”，即增加他们的文化资本并提升其在场域中的地位。

《品味的剖析》

20世纪70年代，布迪厄在国际社会学界的地位不断提高，这意味着他有能力获得所需资助进行一项雄心勃勃的大规模研究课题，其研究对象为法国大众文化品味与文化活动。这项研究的成果最初发表于论文《品味的剖析》(Anatomie du goût) 中，刊载于《社会科学研究文辑》1976 年刊 ([112]: 2-81)。而此文便是两年后出版的那本布迪厄最知名著作《区隔: 品味判断力的社会批判》([39]，[44]) 的核心内容。《品味的剖析》一文依据的是 1963 年、1967 年和 1968 年之间进行的调查工作所得的 1000 多份调查问卷和访谈记录以及一些来自政府的官方统计数据。这些材料冷峻地揭示了法国文化品味与文化实践的情况，以及文化机构——尤其是学校——对法国文化与社会阶层之分化的加剧。这证实了布迪厄先前进行的小型课题研究的结论，并使得他可以从文化场域的层面检验和发展其实验性的实践理论 (惯习、场域和资本的相互关系)。这篇论文的提纲说明了研究的目的:

44

建构并核实一种“惯习”的系统理论。而所谓惯习，既是一种能在不同领域产生同质性效用的图式体系，也是一种能够调和社会地位空间与生活方式空间的方法。([112]: 2)

布迪厄想要探明的是，他先前在对艺术认知与消费的研究中发展出的对阶级化审美倾向 (或者说品味) 的解读是否能够扩展，从而解释所有文化商品和实践活动 (或者说生活方式)。而结论是非常坚决且影响深远的“是”。为了证明这一结论，文章还摆出了广泛涉及许多文化问题的详细的统计学与民族志学的数据、材料。例如，他要求受访者从一个指定的形容词清单中选用一些，来描述他们心中“理想住屋”的特征。清单中的词包括处在一个极端的“干净的”与“整齐的”，到中间的“惬意的”与“舒适的”,再到处在另一个极端的“和谐的”与“精心设计的”。

受访者给出的答案与他们的职业密切相关。这或许并不

45

出人意料，劳动阶级的受访者偏爱实用性的室内布置；中产阶级想要的则是“惬意的”、“舒服的”与“整洁的”；而文化层次最高的受访者，教师与教授们，则喜欢富于审美趣味的、“精心设计的”、“和谐的”住宅（[112]: 33，[44]: 248）。布迪厄为这些相当枯燥的统计数据配上了一系列有趣的文字，对一些受访者进行简单的介绍，描述了他们的生活方式和对室内布置的偏好（[112]: 38，[44]: 268，274，298，321，324，334,391）。下面是一个典型的例子：“他喜欢‘现代化的东西’，本来想要‘白色的家具’而不是他妻子倾心的英格兰风格（她想要‘一个带有整套装备的大化妆台’）”（[44]: 334）。

该文最大的创新之处在于布迪厄通过“示意图”来标识各职业受访者在社会空间中占据的相对位置，而这一位置是由他们所拥有的资本总量、经济与文化资本的构成情况决定的（见图 7）（[112]: 10-11，[44]: 128-129）。在图中，社会空间由两条坐标轴限定：横轴标识经济和文化资本的构成状况（相对数量），纵轴则标识资本总量（经济资本加文化资本）。在这里要注意的是，人们可能会误读这一图谱，从而以为社会地位是静止不变的，实际上它随着时间而变化。布迪厄为图谱上每种职业都标注了箭头，用以标识这种变化的社会轨迹。以“艺术从业者”和“大学教师”为例，他们位于图谱的左上，占有经济资本虽少但文化资本甚为雄厚，因此资本总量较多；而 45 度的上指箭头表示他们的社会地位很可能会逐渐提高。所以，布迪厄绘制的实际上是一幅三维的社会关系图。然而他并未止步于此，在最初刊载了这篇文章的《社会科学研究文辑》（[112]: 10-11）中，该图上还覆有一层描图纸，上面是“生活方式的空间示意图”（参见第 48 页），对受访者生活实践方式的调查结果也按照这两条轴线标示出来（这两张图示在《区隔》中是叠合的）（[44]: 128-129）。“生活方式的空间示意图”叠加在

"社会地位的空间示意图"上，展示了职业、资本与生活方式的选择之间意义深刻的关联。这张组合图表明艺术家们常常参观左岸画廊、喜欢中餐、习惯阅读政治类或哲学类文章，而工人们则喜欢钓鱼、喝啤酒、关心汽车养护和看体育比赛。约翰·弗劳[①]日后曾对这张示意图体现出的一些基本观念提出过质疑，包括将经济（物质性）资本和文化（隐喻性）资本累加是否就能求得"资本总量"、不考虑"社会资本"（尽管在法国可能的确不用考虑）是否正确以及文化资本数量是否与受教育程度直接相关等（[135]: 39-40，[134]: 67）。虽然的确存在这些值得商榷的问题，但布迪厄这张示意图恰恰表明了他的概念框架正在偏离之前采用的、非常粗糙的阶级化社会分类方法，而转向一种更具说服力的关系模型。然而，比较令人失望的是在示意图后附的文字中布迪厄又重提他的阶级化社会分类，并从三种阶级的品味——资产阶级品味、小资产阶级品味和劳动阶级品味以及它们之间的相互关系的角度对调查所得材料进行了探讨。比如，**布迪厄认为小资产阶级的特征之一是"野心勃勃"，即他们试图模仿资产阶级的品味，如购买仿制的家具，但是又缺乏融入其中所需的资源及教化程度。**布迪厄的论述也充分使用了源自结构主义的二元对立概念，即在与劳动阶级品味的对比中定义资产阶级品味的特点（高层次 -低层次，纯粹 -庸俗，非功利 -功利）。尽管这种观点很明显有一定的实证基础，但并没有体现出劳动阶级能建构而且已经建构了属于他们自己的审美价值观，且这种建构未必与资产阶级品味有关。后来有论者批评说布迪厄尽管站在被压迫者一方，但是却几乎从未尝试过站在劳动阶级的角度理解他们的文化（[134], [135], [128]）。

布迪厄对资产阶级和小资产阶级品味进行解读的偏好反

① 约翰·弗劳（John Frow，1948 年 - ），澳大利亚学者。主要研究领域在文学理论、文化研究等方面。——译者注

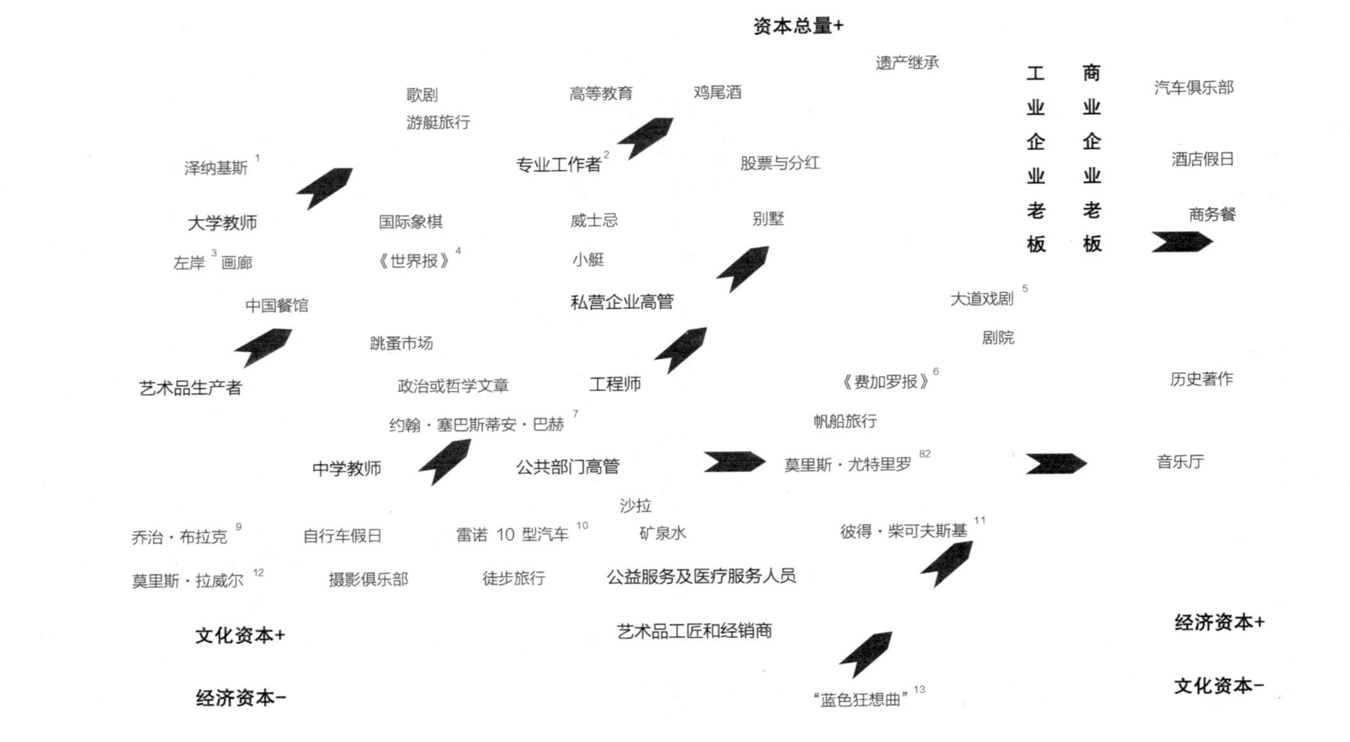
资本总量+
遗产继承
工业企业老板
商业企业老板
歌剧
游艇旅行
高等教育
鸡尾酒
汽车俱乐部
泽纳基斯[1]
专业工作者[2]
股票与分红
酒店假日
大学教师
国际象棋
威士忌
别墅
商务餐
左岸[3] 画廊
《世界报》[4]
小艇
中国餐馆
私营企业高管
大道戏剧[5]
跳蚤市场
剧院
艺术品生产者
政治或哲学文章
工程师
《费加罗报》[6]
历史著作
约翰・塞巴斯蒂安・巴赫[7]
帆船旅行
中学教师
公共部门高管
莫里斯・尤特里罗[8]
音乐厅
沙拉
乔治・布拉克[9]
自行车假日
雷诺 10 型汽车[10]
矿泉水
彼得・柴可夫斯基[11]
莫里斯・拉威尔[12]
摄影俱乐部
徒步旅行
公益服务及医疗服务人员
文化资本+
艺术品工匠和经销商
经济资本+
经济资本−
“蓝色狂想曲”[13]
文化资本−

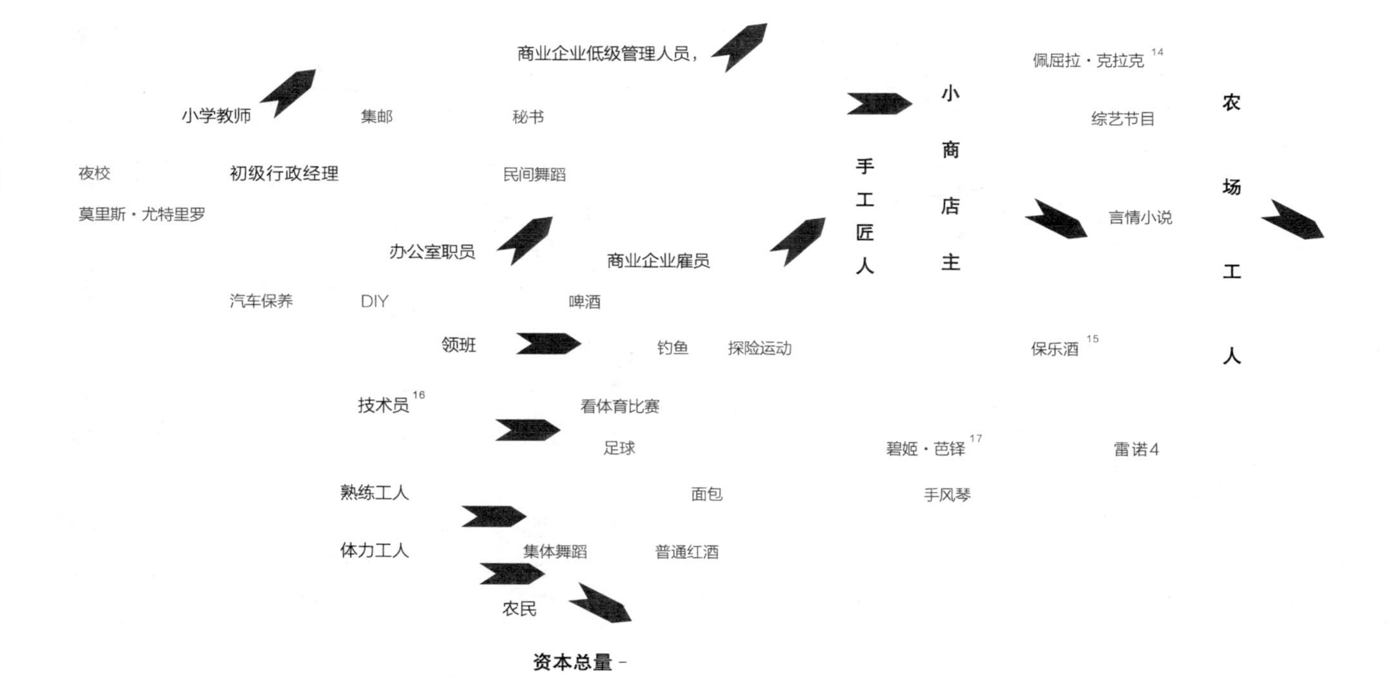

图 7　社会地位空间图 / 生活方式空间图，据《区隔》中的同名示意图［44:］128-129）绘制

1 Xenakis（1922–2001年），希腊建筑师、作曲家。二战后主要在巴黎从事设计及艺术活动。——译者注

2 专业工作者（Professions），此处指需要经过高等教育和长期训练方能从事的专业性较强的工作，如医师、药师、会计、建筑师、翻译等。——译者注

3 左岸（Rive Gauche），巴黎塞纳河（Seine）南岸地区，是教育及文化机构密集分布地带，也是文化艺术中心但物价较右岸（Rive Droite, 塞纳河北岸地区）低廉。——译者注

4 《世界报》（Le Monde），法国第二大全国性报纸，创办于1944年。其主要读者为政界人士及知识分子，政治立场为中偏左。——译者注

5 大道戏剧（Boulevard Theatre），指兴起于18世纪后半叶的一种戏剧美学类型，因当时资产阶级和大众剧院（有别于高档剧院）大多位于巴黎旧城区圣殿大道（boulevard du Temple）而得名。剧作多为喜剧，亦有正剧，主要以娱乐大众为导向，而避免设计敏感话题如政治等。——译者注

6 Le Figaro，法国的最大全国性报纸，创办于1825年，其主要读者为商界精英及职员，政治立场偏右。——译者注

7 John Sebastian Bach（1685–1750年），德国作曲家、管风琴、小提琴及大键琴演奏家，巴洛克时期音乐大师，被誉为现代音乐之父。——译者注

8 MauriceUtrillo（1883–1955年），法国20世纪风景画家，他描绘巴黎街道景色的画作最为著名。——译者注

9 Georges Braque,（1882–1963年），法国著名画家、雕塑家，立体主义画派创始人之一。——译者注

10 雷诺10型轿车（Renault 10）及雷诺4型轿车（Renault 4），前者为雷诺汽车公司出产的紧凑型轿车，于1965年起售；后者为雷诺公司出产的掀背式经济型轿车，于1961年起售。雷诺（Renault S.A.）为法国跨国汽车生产集团，创立于1899年。——译者注

11 PyotrIilych Tchaikovsky（1840–1893年），19世纪俄国浪漫主义著名作曲家、音乐教育家，俄国民族乐派代表人物之一，被誉为俄罗斯音乐大师。——译者注

12 Maurice Ravel（1875–1937年），法国著名的印象派作曲家、钢琴家，20世纪的主要作曲家之一。——译者注

13 20世纪美国著名作曲家、百老汇和好莱坞的名作曲家乔治·格什温（George Gershwin, 1898–1938年）的代表作之一，发表于1924年。——译者注

14 Petula Clarke（1932年–），英格兰著名女流行歌手、演员、音乐人，20世纪50年代将其演艺事业拓展至法国。——译者注

15 保乐酒（Pernod），为保乐茴香酒（Pernod Anise）简称。保乐为法国著名烈酒生产厂家，初创于1797年，1805年发明苦艾酒（absinthe），驰名全国。1915年苦艾酒遭禁，故改为生产茴香酒（liqueur d'anise）。1975年与老对手力加（Ricard）酒厂合并，即为今日之保乐力加（PernodRicard）酒业集团，为全球第二大烈酒供应商。——译者注

16 译者注：技术员（ouvriers qualifies），此处英译版《区隔》误译成半熟练工（semiskill），而本书原版从之，今据法文版《区隔》原图改正。——译者注

17 Brigitte Bardot（1934年–），法国著名女演员，以性感著称。——译者注

映在第二个规模宏大的示意图中。在此他尝试用图解法描述宰制阶级（资产阶级）与小资产阶级两者的品味、继承资本和职业场域间的关系（图8）（[112]: 46，68; [44]: 262，340）。此图有两条坐标轴：横轴表示个人的经济与文化资本构成情况，而纵轴体现其年资在资产阶级内部所处的相对水平（用父辈的职业作为这种年资的指标）。受访者在图中的位置则由年资以及拥有的文化与经济资本的构成情况共同决定。接着，类似于图7，布迪厄同样于本图上叠加了一层“主流品味参量图”，而后者基于受访者的品味和审美偏好。关于刊载于《社会科学研究文辑》的那一版（[112]:46，68），布迪厄还用描图纸将描述职业场域空间界限的示意图叠合在前两者

之上。但《区隔》中收录的那一版是三层直接叠印的，读起来比较困难（图 8）（[44]: 262）。尽管如此，最终的示意图还是以清晰的图解描绘了职业场域的社会空间界限、各场域内人们的审美品味与生活方式，以及各场域在社会空间中的相对位置。重要的是，布迪厄还对该示意图做了说明，提醒读者这仅仅是社会学家用来描述现实的模型，不应被误读为现实本身。

《区隔：品味判断力的社会批判》

1979 年，布迪厄的《区隔：品味判断力的社会批判》发行了第一版（[35]，[44]）。该书一面世即成为最受法国自由中产阶级欢迎的畅销书，引发了他们的共鸣。布迪厄曾述及写作此书的目的：

> 在社会各阶级的结构中寻找那个构筑了对社会化世界的认识并赋予对象审美特性的分级系统的基础，从而科学地回答由康德很久之前提出的关于判断力批判的问题（[44]：xii– xiv）。

除了提供论据以支持其“审美密码是通过社会建构而成的”这一观点之外，布迪厄在书中还想证明“艺术和文化消费是先天倾向于去发挥它的社会功能的，即对社会差异的正当化，无论是否出于自觉和蓄意”（[44]: 7）。

实际上，**布迪厄意在通过对真相的揭露来质疑那些支持并获益于康德美学观念的人，也就是知识阶层**。对于熟悉布迪厄先前著作的读者而言，《区隔》是令人失望的，因为它是布迪厄 20 世纪 60 至 70 年代的论文被重新修订改写后的集合，缺乏整体的学术连贯性和条理性。然而，这本巨著收

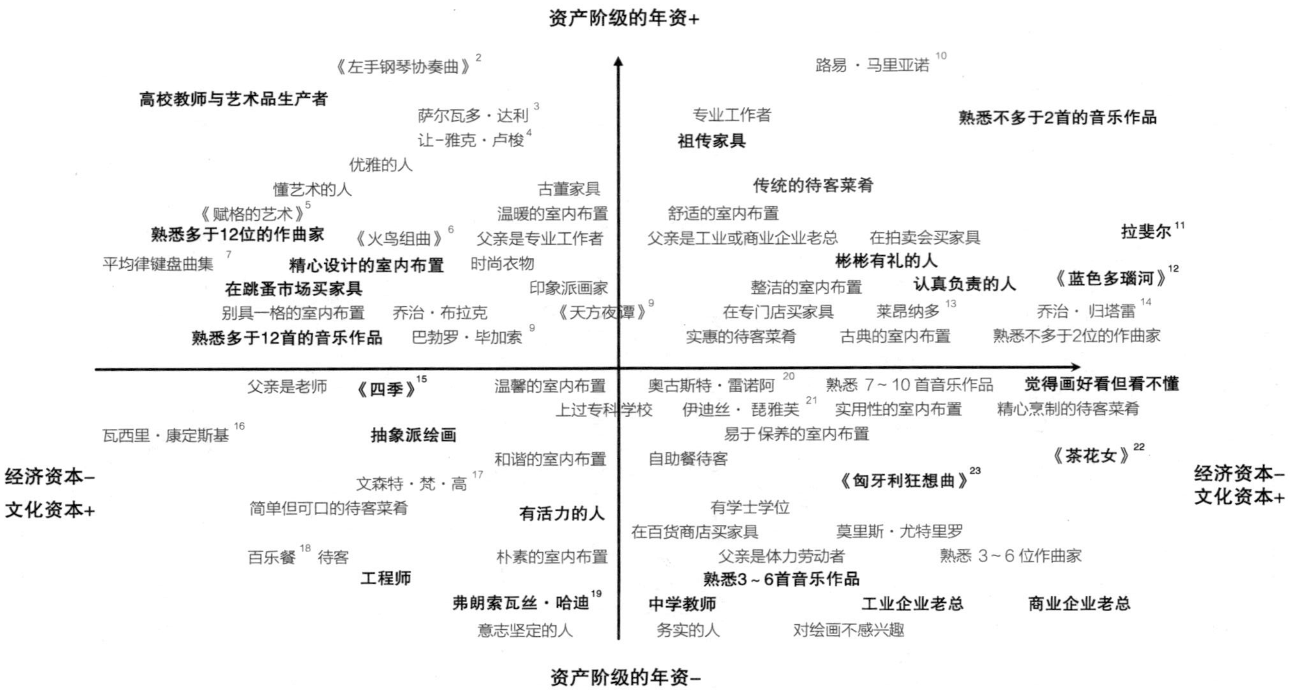

资产阶级的年资+

《左手钢琴协奏曲》[2]
路易·马里亚诺[10]
高校教师与艺术品生产者
萨尔瓦多·达利[3]
让-雅克·卢梭[4]
专业工作者
熟悉不多于2首的音乐作品
祖传家具
优雅的人
懂艺术的人
古董家具
传统的待客菜肴
《赋格的艺术》[5]
温暖的室内布置
舒适的室内布置
熟悉多于12位的作曲家
《火鸟组曲》[6]
父亲是专业工作者
父亲是工业或商业企业老总
在拍卖会买家具
拉斐尔[11]
平均律键盘曲集[7]
精心设计的室内布置
时尚衣物
彬彬有礼的人
在跳蚤市场买家具
印象派画家
整洁的室内布置
认真负责的人
《蓝色多瑙河》[12]
别具一格的室内布置
乔治·布拉克
《天方夜谭》[9]
在专门店买家具
莱昂纳多[13]
乔治·归塔雷[14]
熟悉多于12首的音乐作品
巴勃罗·毕加索[9]
实惠的待客菜肴
古典的室内布置
熟悉不多于2位的作曲家

父亲是老师
《四季》[15]
温馨的室内布置
奥古斯特·雷诺阿[20]
熟悉 7～10 首音乐作品
觉得画好看但看不懂
上过专科学校
伊迪丝·琵雅芙[21]
实用性的室内布置
精心烹制的待客菜肴
瓦西里·康定斯基[16]
抽象派绘画
易于保养的室内布置
和谐的室内布置
自助餐待客
《茶花女》[22]
经济资本–
文化资本+
文森特·梵·高[17]
《匈牙利狂想曲》[23]
经济资本–
文化资本+
简单但可口的待客菜肴
有活力的人
有学士学位
在百货商店买家具
莫里斯·尤特里罗
百乐餐[18] 待客
朴素的室内布置
父亲是体力劳动者
熟悉 3～6 位作曲家
工程师
熟悉3～6首音乐作品
弗朗索瓦丝·哈迪[19]
中学教师
工业企业老总
商业企业老总
意志坚定的人
务实的人
对绘画不感兴趣

资产阶级的年资–

图 8　宰制品味参量图：属性空间示意图与个体社会空间图，据《区隔》中同名图表（[44]：262）绘制。

1 原书及英译版《区隔》均有大小写不统一问题，今译文据其直译，不作修正。且图中涉及的形容词在《区隔》（见【44】：512–518页问卷）中均为受访者根据问题作答，而对不同事物进行形容，故译文中一并译出，以避免混淆。——译者注

2 D大调左手钢琴练习曲（The Piano Concerto for the Left Hand in D major），莫里斯·拉威尔的著名作品，于1929至1933年间为在一战中失去右臂的奥地利钢琴家保罗·维特根斯坦（Paul Wittgenstein）而作。另，原书中为部分曲名加上了引号，而《区隔》中则一律不加引号，故译文为求一致省略。——译者注

3 Salvador Domingo Felipe Jacinto Dal í i Dom è nech,（1904–1989年），西班牙加泰罗尼亚画家，超现实主义画派领军人物，20世纪最著名的画家之一。——译者注

4 Jean Jacques Rousseau（1712–1978年），18世纪法国哲学家、作家、作曲家，启蒙时期最重要的思想家之一，其政治哲学对法国大革命乃至现代政治、社会和教育思想的影响极为深远。——译者注

5 约翰·塞巴斯蒂安·巴赫（Johann Sebastian Bach，1685–1750年）晚年的一组单主题器乐作品，并未最终完成。作品号BWV 1080，包括14首赋格曲（fugue）和4首卡农曲（canon）。——译者注

6 Igor Fyodorovich Stravinsky（1882–1971年），俄国作曲家、钢琴家、指挥家，20世纪最重要的作曲家之一，其创作风格极为多变，对作曲流派原始主义、新古典主义和序列主义均做过革命性贡献。芭蕾舞组曲《火鸟》（The Firebird）为其代表作之一，创作于1910年。——译者注

7 平均律键盘曲集（Well–Tempered Clavier），巴赫的键盘乐器独奏曲集。作品号BWV 846–893，共上下两卷，分别完成于1722和1742年，各包含为24种调式而作的前奏曲（prelude）和赋格曲，为西方古典音乐影响最为深远的作品之一。——译者注

8 俄国著名作曲家，俄罗斯民族乐派代表人物尼科莱·里姆斯基–科萨科夫（Nicolai Rimsky–Korsakov, 1844–1908年）的代表作之一，是四乐章交响诗，创作于1888年，作品号Op. 35。——译者注

9 Pablo Ruizy Picasso（1881–1973年），西班牙画家、雕塑家、版画家、陶艺家、舞台设计师、诗人和剧作家，立体主义画派创始者之一，20世纪现代艺术最主要代表人物和文化名人之一。——译者注

10 此处指路易·马里亚诺（Luis Mariano, 1914–1970年），西班牙著名男高音歌唱家，其活动范围主要在法、西两国。——译者注

11 RaffaelloSanzio da Urbino（1483–1520年），文艺复兴时期伟大的意大利画家、建筑师，文艺复兴美术三杰之一。——译者注

12 19世纪奥地利轻音乐作曲家小约翰·斯特劳斯（Johann Strauss II, 1864–1949年）的著名华尔兹作品，作品号Op. 314，完成于1866年。——译者注

13 莱昂纳多·达·芬奇（Leonardo di serPiero da Vinci, 1452–1519年），文艺复兴时期伟大的意大利画家、雕塑家、建筑师、音乐家、数学家、发明家、工程师、解剖学家、地质学家、制图师、植物学家和作家，文艺复兴美术三杰之一。——译者注

14 Georges Gu é tary（1915–1997年），法国著名歌手、舞蹈演员、卡巴蕾歌舞剧演员、电影演员。——译者注

15 意大利巴洛克作曲家、小提琴家、教师、神职人员，巴洛克时期代表音乐家之一安东尼奥·维瓦尔第（Antonio Vivaldi, 1678–1741年）最著名的作品，约创作于1720年，是四首小提琴协奏曲组成的组曲，作品号Op. 8。——译者注

16 WassilyWassilyevich Kandinsky（1866–1944），俄国著名画家、艺术理论家，抽象画派的创始人之一。1933年起定居法国直至去世。——译者注

17 Vincent Willem van Gohn（1853–1890年），荷兰19世纪后印象派绘画大师，其画作对20世纪艺术有极为深远的影响。——译者注

18 一种每位参加者自带一种食物或饮料的聚餐活动。——译者注

19 FranÇoise Madeleine Hardy（1944年–），法国歌手、演员，大众音乐和时尚的代表人物之一。——译者注

20 皮埃尔–奥古斯特·雷诺阿（Pierre–Auguste Renoir, 1841–1919年），法国19世纪著名画家，印象画派的代表人物之一。——译者注

21 伊迪丝·琵雅芙（Édith Piaf, 1915–1963年），法国著名女歌唱家。——译者注

22 塞佩·威尔第（Giuseppe Fortunino Francesco Verdi, 1813–1901年），意大利浪漫主义作曲家，以歌剧作品最为著名。三幕歌剧《茶花女（La traviata）》为其代表作之一，根据法国作家小仲马（Alexandre Dumas, fils）的小说《茶花女（La dame aux Cam é lias）》改编，首演于1853年。——译者注

23 弗兰兹·李斯特（Franz Liszt, T.O.S.F., 1811–1886年），19世纪匈牙利浪漫主义作曲家，钢琴家、指挥家、教师、圣方济各会教士，新德意志乐派（NeudeutscheSchul）代表人物之一，为交响诗（Symphonic Poem）的首创者。《匈牙利狂想曲（Hungarian Rhapsody）》为其代表作之一，是19首钢琴独奏作品的总称，在匈牙利民歌的基础上进行创作。作品分别创作于1846–1853年间、1882年和1885年，作品号为S. 244。——译者注

录了600余页照片、访谈记录和说明性图表，其传达给广大公众的是布迪厄旨在向流俗宣战的论点。这些论点不仅涉及品味的社会建构，更重要的是还针对了品味在维持法国社会不公上所起的作用。仅就这一点而言，此书便可以说是成功的。

在前文中我们已经按照时间顺序讨论了《区隔》中的许多章节，从而对布迪厄审美观点的发展轨迹进行了梳理。读者可能会发现《区隔》这本书比那些论文更好找些，因此也许有必要在这里略作介绍:《区隔》第一部分是《象征性商品的市场》([20])和《艺术认知的社会学理论要素》([14])的修改版;第二、三部分是《品味的剖析》的校订版([112])，但是比原版增加了一些图示性内容; 第8章是1972年发表的论文《缺乏思想的思考》(Les doxosophes)([26])的再版; 附录IV是1976年发表的论文《客厅游戏》(Un jeu chinois)([33])的再版。其实,整本书中全新的内容只有后记《迈向对‘纯粹’批判的‘庸俗’批判》(Towards a ‘Vulgar’ Critique of ‘Pure’ Critiques)([44]: 485-500)。布迪厄在这篇后记的开头重申，他相信康德的“纯粹”美学观及作为其陪衬的“庸俗”美学观不过是文化精英主导的、具有迷惑性的社会建构，其作用在于将社会中的宰制群体与被宰制群体之间的区隔具体化。他进而引用雅克·德里达对康德的著名批判——《绘画中的艺术》(La vérité en peinture) 作为范式性的实例，证明知识阶层无论如何以行为激进来自我标榜，实际上都维持着知识场域的现有建构形态，因为他们害怕在场域内的权力角逐中失去自己的地位。布迪厄断言，知识分子从很大程度上来说在这类角逐中都是既得利益者。在《艺术法则》([63],[66])中，布迪厄将这一论点扩展到了艺术和文学场域(参见第4章)。

在整个学术生涯中，布迪厄始终坚持认为自己并非理论家，而只是通过实证研究验证他试图解释现实的假说。因此，他的研究一直致力于扩展、验证和修订这些假说。事实上，布迪厄的全部作品都是指向对社会实践的普适性解释的，而对法国品味的研究仅是这一宏伟总图的一隅。在英文版《区隔》序言的结尾处，**布迪厄说，通过其他研究者针对其他文化和历史阶段的其他对象的研究来检验和扩展他的"实验性"（tentative）理论是十分必要的（[44]: xiv）**。1991年，在对日本听众演讲时，布迪厄指出，社会实践的永恒逻辑只能通过研究实践在具体语境下的表现形式来揭示："对这个社会性世界最深层的逻辑，只有当你立足于历史中特定的某时某地，对形形色色的实证现实进行深入探索，从而将这种逻辑建构为具有可能性的独特案例时，才能洞悉它的真意"（[62]）。

相当令人失望的是，对布迪厄的这一号召社会学界应者寥寥。日后仅有的几项关于品味的社会建构的重要研究，一是托尼·本内特①、迈克尔·埃米森②和约翰·弗劳的澳大利亚品味研究（[120]），另一项是托尼·本内特等所做的英国品味研究（[121]）。

这些后人的研究广泛采用了布迪厄的研究方法，尽管在对数据进行具体分析时他们更关注阶级与性别、年龄和种族的相互作用。这反映了他们所处时代的社会学研究倾向。

① 托尼·本内特（Tony Bennet），当代澳大利亚社会学家、文化学家。英国开放大学（Open University）社会学教授。——译者注

② 迈克尔·埃米森（Michael Emmison），当代澳大利亚社会学家，原为澳大利亚昆士兰大学（University of Queensland）社会学副教授、荣誉副教授，现已退休。——译者注

54

《区隔》出版之后，布迪厄的研究重心在很大程度上转向了在历史和当时两种语境下对文化生产的社会历史维度的探索。这些探索中有对 19 世纪巴黎文学与艺术场域的社会学研究，其成果是后来的《艺术法则》([63]，[66])，以及对一系列当代文化生产场域，包括时尚、运动、政治和学术的实证研究。在这一时期，布迪厄还高调参与了一系列旨在反对新自由资本主义导致的社会不公的抗议性政治活动，还发表了一系列关于新闻界和大众传媒，尤其是关于电视的著作和文章([67]，[72])。布迪厄在这些作品中指出，法国政府正在逐渐失去对文化的掌控，商业主义和大众媒体(包括数字媒体、有线媒体和卫星媒体)造成的影响正日益增加。在分析这些社会的新变化时，布迪厄的态度是极具批判性的。他断言大众传媒不仅远未通过推动多样化的文化生产来满足广大社会文化群体的文化品味的需求，反而为了最大限度地获利而无耻地扭曲和压榨了市场。比如，他直斥真人秀节目是一种见利忘义的媒体策略，通过仅仅将现实重新播放给观众就用最少的成本获取了最高的收视率([67]，[72])。然而，布迪厄的批判不仅隐隐传达出一种将高雅文化置于大众文化之上的个人偏好，同时也缺乏实证支持，因此显得过于主观。一些评论者认为布迪厄最大的弱点便是他并未充分尝试去理解大众文化的多样性和复杂性，因此也就无法认识到大众文化的某些亚场域(如音乐、涂鸦)中蕴含的反抗精神([134]，[135]，[128]，[145]，[164])。

购房——“空想品味”

布迪厄最大的社会学研究课题之一就是运用其实践理论

解读法国瓦兹河谷省[①]的住宅市场动态。这项研究成果最初刊载于《社会科学研究文辑》([98])，后出版了专著，即《经济的社会化结构》([74]，[85])。在此项研究中布迪厄收集统计数据、采访开发商与购房者，目的是要探明 20 世纪 80 年代初期法国住房市场是怎样并为何从高密度租赁住宅向自有的独栋式住宅转变的。

布迪厄的分析指出，这种转型是多种因素共同作用的结果：包括政府的住房政策、新型购房贷款的推行、大批量住房建造商之间的竞争以及以阶级为导向的广告宣传策略等([85]: 54-63)。书中对这一现象的各方面表现分别进行了剖析，其中“能动个体与生产场域”(The Agent and the Field of Production)([85]: 39)一章通过对购房者品味的观察指出人们会根据一套混合标准来选择住房，这套标准包括社会的(如能否加强家庭凝聚力)、文化的(如房子的象征意义)和经济的(如房子的货币价值)方面。而且对不同的社会群体而言，每种标准的重要程度和表现形式是各异的，这就证实了布迪厄之前关于品味的社会建构的研究成果。相对于之前的成果，**布迪厄在这里取得的最重要进展是明确了房贷和广告在引诱劳动阶级逾越“现实品味”并沉溺于“空想品味”上所起的新作用，比如对半独立式郊区住宅的幻想**。研究还进一步证实购买自有房屋往往给劳动阶级带来负面的结果，即购房之后他们很快就会发现抵抗诱惑失败带来的不仅是沉重的经济负担，还有其他的问题([85]: 185-192)(详见第 5 章)。因为这一研究成果指明了贷款的普及在 20 世纪 80 年代对劳动阶级及中产阶级的品味与消费造成的剧烈影响，故值得在后文中作进一步的探讨。

---

① 瓦兹河谷省(Val d'Oise)，行政上隶属于法兰西岛(Île-de-France)大区，位置接近巴黎近郊。——译者注

56 小结

今日读者可能会觉得布迪厄书中使用的关于品味的实证材料已相当过时，但他的概念工具（惯习、场域和资本）和科学的、“自反性的”研究方法在解释和探索当代文化品味与文化实践的复杂性上已被证明具有长远的价值。([164], [120], [121]) 然而，虽然布迪厄的课题已经被文化研究领域的众多研究所扩展和更新，但除金·多维①（[143]: 283–296）、丹尼斯·曼②（[157]）和海伦·利普斯达特③（[152]）的寥寥数文之外，建筑界普遍对他兴趣阙如。但是，布迪厄的品味研究在许多方面对建筑师而言具有警醒意义，并且最重要的是能够提醒建筑师们去考虑怎样弥合他们和委托人在文化品味上的潜在差异。

① 金·多维（Kim Dovey），当代澳大利亚建筑评论家，现任墨尔本大学（University of Melbourne）建筑学与城市设计教授。——译者注

② 丹尼斯·艾伦·曼（Dennis Allen Mann），当代美国建筑师，现任美国辛辛那提大学（University of Cicinati）建筑系教授。——译者注

③ 海伦·利普斯达特（Hélène Lipstadt），当代美国建筑史学家，现任现代主义运动建筑、遗址及街区记录与保护国际委员会（Documentation and Conservation of Bulidings, Sites and Neighborhoods of the Modern Movement）美国分会主席。——译者注

第 4 章

57

迈向文化实践理论

布迪厄的文化生产研究始终未像他的文化消费研究那么著名。然而他认为，既然文化生产、消费与再生产过程均与生活经验世界密不可分，因此任何实践理论都只有解释了这三者的相互依存关系才能令人信服。这也就是说，行为的理论模型必须能够解释实践与实践发生的语境之间的关系。布迪厄的文化学研究广泛涉及科学、法律、宗教以及审美表现活动如艺术、文学和音乐等，这些研究对于他的普适性实践理论的发展具有最重要的意义。而这种针对文化生产的实证与社会历史研究贯穿了布迪厄长达半个世纪的学术生涯，包含大量课题，并且这些课题涉及的主要是文化生产的亚场域，如文学、艺术、摄影、住宅建设和时尚等。此外，以电视和新闻为批判对象，他还在晚年发表了一些论战性质的文章。([67], [72]: 70-77，[89]: 321-323，333-339)

本章旨在讨论布迪厄的文化生产理论及相关概念工具的产生，而之后的章节将向读者介绍他的一些实证研究案例，而此类案例检验、扩展并修正了他的文化生产理论模型。这些理论与研究案例可以共同证明布迪厄曾始终不懈地试图解读个体行为与社会语境的关系，以求缓和主观主义和客观主义之间的理论张力，并且揭露社会中潜藏着的某种机制，这种机制既赋予了文化生产以形式与特色，也加剧了社会的不公。

58

1964 年，布迪厄辞去里尔的教职，前往巴黎担任高等师范学院讲师，接手社会科学高等研究院教研主任一职，并且加入由让-克劳德·帕瑟隆[①]和雷蒙德·阿隆领衔的设在巴黎的欧洲社会学研究中心的研究团队。当时阿隆正致力于巩固社会学这一新兴学科的学术地位，而组建这一研究中心正是他采取的重要措施之一。

中心有两个密不可分的主要目标，其一是建立一套健全的“社会学方法”，作为在此新兴学科领域内进行研究的基础。为此，布迪厄与让-克劳德·帕瑟隆及让-克劳德·尚伯雷东[②]合著了《社会学技艺：认识论初步》(Le métier de sociologue: Préalables épistémologiques)([85], [96])，此书出版于1968年，并在日后成为法国关于社会学研究方法的核心教程之一；第二个目标更为雄心勃勃，即对一系列社会学主题进行探索，如社会流动现象和大众文化的产生。幸运的是，由于为此开展的许多课题都可以为法国战后重建和现代化政策的制定（教育和文化在其中扮演重要角色）提供文献资料，因此获得了政府的资助。这样的研究环境使得布迪厄有机会探索从研究同质的、前资本主义的卡拜尔社会中获得的关于文化的社会角色的解读，能够在何种程度上适用于异质的（heterogeneous)、资本主义的法国社会。

59 摄影实践

在20世纪60年代，布迪厄开展了一系列关于文化生产、消费与繁衍的社会学研究。前文讨论过的早期关于学生([108], [111])和博物馆参观([100], [101])的研究主要针

① 让-克劳德·帕瑟隆（Jean-Claude Passeron，1930年-），法国社会学家、知识学家。曾担任社会科学高等研究院科研院长、巴黎欧洲社会学中心主任。——译者注

② 让-克劳德·尚伯雷东（Jean-Claude Chamboredon），法国社会学家，曾担任布迪厄的研究助手。——译者注

对的是文化消费，新课题所审视的摄影，则是一种文化实践。

20 世纪 60 年代早期，布迪厄在故乡贝亚恩省进行了一项以农民摄影的社会价值为对象的小型研究（[94]，[95]），研究成果颇具启迪性，从而促使布迪厄承担了一项规模远大于此的合作研究课题，其研究对象为当代法国摄影实践，成果即《通俗艺术：关于摄影社会化功能的研究文集》（Un art moyen, essai sur les usages sociaux de la photographie）（[92]，[93]）一书。此项研究在 1963 年对巴黎、里尔和另一个省会小城的 692 位居民进行了访谈和问卷调查，并使用了其他一些官方资料（[93]：176 n.7），审视了社会地位和摄影实践之间以及新兴的摄影俱乐部和职业摄影师的实践之间的关系。**布迪厄之所以对摄影产生兴趣，是因为在当时这还是一种非正统的艺术形式，因此尚未得到"官方的"、"既定的"与"正统的"评判标准的"重视"**。因此，此项课题对于布迪厄而言正是可以对货真价实的阶级化审美价值进行揭露的工具。

《通俗艺术》的第一部分概述了布迪厄的审美认知理论，第二部分分别记录了对三个"非常规"（deviant）摄影群体——分别是职业摄影师、艺术摄影师和摄影俱乐部成员——的访谈结果，其中第三组的摄影水平在布迪厄看来也已超越了业余水准（[93]：104）。第二部分第一章题为"审美追求与社会抱负：作为次级摄影团体的摄影俱乐部"（Aesthetic Ambitions and Social Ambitions：The Camera Club as a Secondary Group）（由罗伯特 . 卡斯特尔[①]、多米尼克·施纳佩尔[②]执笔），描述了摄影俱乐部是如何通过采用各种各样的、

---

① 罗伯特·卡斯特尔（Robert Castel，1933-2013 年），法国社会学家，曾任职于欧洲社会学研究中心。—— 译者注

② 多米尼克·施纳佩尔（Dominique Schnapper，1934 年 - ），法国政治家、社会学家，2001-2010 年曾任法国宪法委员会（Conseil constitutionnel）委员。——译者注

远比适用于业余摄影爱好者的更为清晰和严格的规范、价值观与准则来维持其团体凝聚力的。

在该书的序言中，布迪厄集中对这套规范、价值观与准则进行了描述，即表明它们体现着这样一种指导“精神”：

> 以这种精神为媒介……这些群体将集体规则置于个体实践之上，因此即使是最平凡的摄影作品，传达出的都不仅仅是摄影师个人的创作意图，还有全体成员共有的认知、思考与鉴赏的图示体系。（[93]：6）

卡斯特尔和施纳佩尔还发现，俱乐部这种精神的内容及重点与其成员的社会阶级之间存在着紧密的联系。比如，由工薪阶层组成的俱乐部更看重摄影技巧的高超，而成员教育程度较高的俱乐部则侧重于追求美学上的创新。研究者认为这种多样化局面之所以产生，正是由于摄影作为一种新兴艺术在当时还缺乏普遍尊奉的规范、价值观与信条，而这套东西如果存在，就会衍生出相应的评价尺度，以定义何为正统的摄影实践。

第二部分第二章题为“机械艺术与自然艺术：艺术摄影师”（Mechanical Art，Natural Art：Photographic Artists），由让 - 克劳德·尚伯雷东执笔。这一章记录了艺术家们将摄影用于创作的实践活动。尚伯雷东通过研究发现，艺术家们会将原先就已尊奉的指导精神沿用到摄影实践之中。

第二部分的最后一章是“专业人士或高素质人士：职业摄影师”（Professional Men or Men of Quality：Professional Photographers），由尚伯雷东和布迪厄执笔。本章记录了对200 位职业摄影师的调查结果。调查发现这一新生职业的从业人员既有一定的共性，也有明显的个性。共性包括来自与业余摄影师的竞争的担忧、团队凝聚力的缺乏。研究发现他们较为个人主义和孤僻，并且具有较强的嫉妒心和独立精神（[93]：148-149）以及将摄影建设成为拥有相应行业地位与收入的正统职业的共同愿望。然而调查也发现，这些职业摄影师的审美实践面目各异，并且实践形式与各自的教育程度密切相关。故对该群体的研究结论为：教育程度是个体实践最具决定性的因素。

对这三个"非常规"群体的研究，共同揭示的是极具多样性的审美实践，且这些实践似乎可以反映更广义的社会空间／场域中从事摄影的个人／俱乐部彼此各异的社会地位。布迪厄认为，这种多样性之所以存在，是因为摄影实践作为一种新兴行业既缺乏广泛认可的培训方法、资格认证和其他准入途径，也没有正统的审美观念。于是他指出职业摄影师和他们服务的市场就社会根源而言具有同质性，**即不存在何为"高雅"摄影、同时也就当然没有所谓"大众"摄影的既定观念，因为还没有哪个群体确定了相对于其他群体而言的正统地位**。很明显的是，正如格伦费尔[①]日后指出的，摄影实践的领域在20世纪后半叶发生了翻天覆地的变化。这些变化包括摄影培训课程的出现、数字化摄影的发明、与艺术摄影相抗衡的新闻摄影的兴起，以及摄影的空前普及化，从而共同导致了摄影场域的重新配置以及与其他早已确立的场域的接合（[140]：169-170）。

62

对布迪厄摄影研究最好的解读方法也许是将它看作是：一，用以发展其普适性实践理论的工具；二，对特定历史时期断面的记录。而研究的成果则证实了布迪厄的假说，即由社会成员组成的群体所共有的世界观和"约定俗成"的观念可以反映这些成员在社会空间中早已占据的地位。"约定俗成"（arbitrary）一词比起布迪厄以前使用的"伦理的"（ethic）

① 迈克尔·詹姆斯·格伦费尔（Michael James Grenfell），英国教育学家，现任苏格兰斯特林大学（University of Sterling）教育学院院长。——译者注

更具程序性，但相对于他以后使用的“惯习”又少了一些对“倾向”的牵涉。

同时期的社会 – 历史学研究

20 世纪 60 年代，为了寻找关于大学生和博物馆观众的文化偏好研究以及摄影实践研究的理论依据，布迪厄查阅了一些艺术史著作，并在这些著作的启发下撰写了四篇历史研究论文（[10]，[11]，[12]，[13]）。这几篇文章共同呈现出了当时还处在初期状态的布迪厄的文化实践理论。德里克·罗宾斯①曾指出，作为布迪厄最早发表的与实证研究没有什么明确关系的论文，它们表明“布迪厄正试图明确自己的理论立场”（[166]: 61）。例如，在《艺术认知的社会学理论要素》中对埃文·潘诺夫斯基关于图像学及其意义的著作（[160]，[162]）进行政治化解读时，布迪厄明确提出了一种反康德的艺术认知理论，即主张艺术创作和欣赏能力是后天习得的，或者说是社会建构的，并非是先天拥有的或“自然的”。他还指出，艺术欣赏与创作是互为表里的双方，正是那个为维持社会等级体系并为之添砖加瓦的恶性循环机制的一部分。这四篇论文里立论最高、涉及范围最广的当是《知识阶层场域与创作规划》（Champ intellectual et projet créateur）（[10]，[15]，[18]），此篇论文于 1969 年首次进入英语读者的视野。

文化生产场域的生成

《知识阶层场域与创作规划》一开篇，布迪厄就宣称艺术

① 德里克·罗宾斯（Derek Robbins），英国社会学家，现任东英格兰大学（University of East London）社会科学学院教授。——译者注

家和知识分子均是在一种半自主的社会空间（他将这种空间称为“场域”）中活动。在这种空间中，实践活动均受场域公认的信条和价值观的引导。

63 然而，布迪厄没有采用任何本质性的、超历史的或超国家的概念来定义文化场域，而是明确说场域之间或许有一些结构上的共性，但是它的客观构成无论何时何地都是由特定的社会历史因素决定的。

接下来，布迪厄便着手用自己的方式对法国艺术场域的自主性历史生成进行了解释。他认为，在整个中世纪、文艺复兴时期和古典时期，艺术家们始终处在外部权威（在不同时期可能是教会、贵族或国家）的控制之下。这些权威通过对艺术题材、形式和风格的正统化支配了艺术生产的过程。接下来，他在很大程度上继承了列文·舒克因[①]对法国文学场域自主性的产生的描述（[173]），称艺术家们在19世纪采取了一系列措施以摆脱这种支配。通过利用新兴资产阶级以及与资产阶级相关的批评家、艺术品经销商、沙龙和艺廊拥有的资本还有展现出的对艺术创新的渴望，艺术家们建构了一个为自己的产品提供内部市场的场域，从而渐渐地实现了半自主。布迪厄认为，该场域的特征在于其中的能动个体均拥有相同的世界观，但是会就正统化和控制场域内部言行的权力相互争夺。他这样写道：“知识阶层场域成为一个日益复杂的系统，且愈发独立于外部影响……场域内的关系由这样一种具体逻辑支配：对文化正统化权力的争夺。”（[15]：71）

64 布迪厄发现，在艺术场域向自主性迈进时，还出现了这样一类新的艺术家，他们“除满足自己创作规划的内在诉求之外，不承担任何使命”（[15]：91），也就是追求“为艺术

① 列文·路德维希·舒克因（Levin Ludwig Schücking，1878-1964年），德国英语语言文学研究家。——译者注

而艺术”或者说“纯粹的”审美观。他进一步指出，由于这种新兴的艺术理念带有一种道德和伦理上的优越感，故最受该场域特定的、“约定俗成”的价值观（或者说资本，包括经济的、文化的、与社会的）构成模式所青睐。于是，场域内部的斗争均会围绕着这样一个问题：谁能够确立审美上的权威地位。布迪厄在这部分的结语中重申，研究者的使命应当是揭露在任何历史时刻“使知识阶层场域可能存在的那些历史与社会条件”，并解读“组成作为系统之知识基层场域的全部具体关系”。（[15]: 95）后来在 20 世纪 80 年代，布迪厄撰写了一系列文章，用来扩展其艺术生产场域的社会生产理论，尤其是从文学场域的角度。这些作品以纲领性的《艺术法则》（[63],[66]）为集大成之作，该书于 1992 年出版（参见第 5 章）。

艺术家及其受众

《知识阶层场域与创作规划》（[10]）的第二部分题为“萨风的鸟”（The Birds of Psaphon）[①]（[15]:95-105），在这一部分中，布迪厄确证了艺术生产场域内艺术家及其受众间相互依存的关系。

65

布迪厄认为艺术家、作家和知识分子在创作时，对其潜在受众的情况有一定的认识，但对于后者对作品的反应——即能接受到何种程度——的控制力却是相当薄弱的。此外，布迪厄还指出，艺术家对自己的认知与社会对他的定位可能

① “萨风的鸟”（The Birds of Psaphon）为希腊典故。在古希腊时期，利比亚一个叫萨风的希腊人，试图教自己的鸟说话，宣称自己是一位神明，然后将它们放飞。这些鸟在自由后教会了其他鸟类说同样的话。后来当其他利比亚人听到所有的鸟都在宣称萨风是神明时，便认为这是神迹，于是相信萨风真是一位神明。——译者注

是不一致的，即：

> 艺术家对于社会对他的定位，可以认同，也可以否认，却不能无视……社会会对创作活动的最核心部分进行干预，即将其需要什么与拒绝什么、期待什么与不关心什么强加于艺术家。（[15]：95）

布迪厄继续论述道：**艺术作品难免会成为“艺术创作的固有需求”（[15]：163）（即艺术家自己的创作意图）与“指引艺术创作的外部社会压力”（[15]：96）（即艺术家观察到的受众的偏好）之间的辩证关系的产物。**

他还表示，在具体实践中，解决这一矛盾的方法可以从一个极端——完全为了迎合可预期的受众偏好而进行创作（可以想象有这样一位畅销书作家，他正为迎合自己已有的忠实读者的品味而陷入创作困境）走向另一个极端——创作前卫的作品来制造新受众。然而，布迪厄指出在任何情况下，艺术家的创作都无法离开他所在场域的源于历史的当代逻辑，艺术也总是在与其他艺术家——无论是过去的还是当代的——的关联当中被构思和被接受：“就算是最特立独行、最个人化的审美判断，也是以某种已经确立的普遍意义为参照的。”（[15]：104）

布迪厄进一步表明，创作文化价值能够获得重视的作品从而提升自己在场域中的地位是所有艺术家的目标。他还指出了“文化中介”，如批评家、出版商和画廊老板，是如何通过充当艺术家与受众的中间人从而获得“品味制造者”的力量的（[15]：100）。他解释说这些文化中介通过具有偏袒性的诠释和评判，使某些艺术家被热捧，而另一些则遭受冷遇（[18]：170）。因此，成功的艺术家应是这样：他们能够将自己想表达的东西同他们预料的批评家可能会欣赏的东西以最优的方式结合在作品当中。

66 场域机制

在《知识阶层场域和创作规划》的第三部分“先知、牧师与巫师”(Prophets, Priests and Scorcerers)([15]: 105-112)中，布迪厄尝试对艺术生产场域的结构——后来他称之为“逻辑”——进行定义。以该书前面的章节为基础，他对艺术生产场域进行了描述：**这是一个社会化空间，其中相互依存的能动个体，如艺术家和批评家等，对能够定义艺术价值、正统性和规范性的权威进行争夺**。但是，在坚称这种争夺是所有场域的典型特征的同时，布迪厄也在韦伯的启发下指出，场域中的个体除进行竞争之外，也保持着一种实用的互惠合作关系，即共同保有一套信条，作为该场域的存在与目标的基础，从而确保场域的存续。

布迪厄进一步主张，所有艺术家均在文化场域的某种由具体语境决定的格局中进行活动，而这种格局会使某些艺术形式被认为优于其他形式(例如，在20世纪60年代歌剧和诗歌已被承认是正统文化形式，而摄影还在为争取这种地位而挣扎)。不过，场域中的艺术家总是彼此关联的，而他们的相对地位正决定于各自拥有的资本之总量与构成情况(社会的、经济的与文化的)。文化资本在文化场域中被公认是最重要的资本类型，资本最为雄厚的成员也就获得了定义正统文化(包括其形式与内容)的权力，而占有文化资本较少的成员则会为获取其信念的正统性而战，力图推翻当权者。接下来，布迪厄描述道，当新人首次进入文化生产领域时，场域会依据他们已拥有资本的配置情况(社会的、文化的与经济的)将他们置于相应的地位，而这种地位也就反映了他们新进入

67

的场域对每种资本的重视程度。随后，新人们将采取适当的行动以求提升自己在场域中的地位，并以获取场域的控制权为最终目标。布迪厄这种实用主义的文化实践观念从根本上挑战了那些非功利的艺术观，而后者不仅盛行于当时，在今天也以惊人的程度存在着。

布迪厄在论述中也提出了一种关系模型以说明艺术场域与其他场域的相互影响，艺术场域对自身同外部场域之间的关系所进行的调节是根据自身结构将外部场域结构加以扭曲而实现的。如此可进一步认为，艺术家与“知识阶层场域外部的社会现实的关系，（也是）通过知识阶层场域的内部结构进行调节的”（[18]: 177）。这一洞见便解释了为何不同场域的成员会对同一对象有多样的，甚至往往相反的认识。

在最后布迪厄表示，对当时的艺术和艺术家进行正统化的权力是由学院[①]垄断的。他还指出了当时艺术家所处的荒谬境地：一方面要获得学院的认同，另一方面又致力于颠覆其正统性。最后，在重申了他早期关于德里达著作的观点（[44]: 486-500）后指出：**艺术家们尽管时常标榜自己在基本意识形态的层面上反抗艺术场域的存在，但事实上不过是在争取提高自己的地位**。这是因为，在现实中没有一个艺术家会动手破坏自身地位和权力的来源。

自觉与非自觉

68

《知识阶层场域与创作规划》的结语题为“文化自觉？”（The Cultural Conscious?）（[15]: 112），布迪厄在此实验性地解释了个体对文化的非自觉接受过程，并推测了这种具身

① 学院（Academy），即法兰西学院（Académie française），成立于 1635 年，为法国最权威的语言及艺术学术研究机构。——译者注

化对行为会产生何种影响："一个人的最自觉的智识和艺术抉择总是受到其文化与品味的指引，这种文化与品味本身就是特定社会、年龄或阶级的客观文化的内化"（[15]: 112）。这一观念影响极为深远，因为它凝聚成了布迪厄最为重要的分析概念之一——惯习。1967 年布迪厄翻译并出版了埃文·潘诺夫斯基的著作《哥特建筑与经院哲学》（Gothic Architecture and Scholasticism）（[161]）的法译版，在《后记》中他对惯习这一概念进行了深入的探讨。但在开始介绍这篇《后记》之前，我们还是先来回顾一下《知识阶层场域与创作规划》的意义。该文对布迪厄的三个分析概念——场域，具身化（惯习）和资本进行了概述。正是这三个相互依存的概念共同奠定了普适性实践理论的基础，而在此后的三十年中，为了发展这一理论，布迪厄还将继续进行以文化生产为对象的大量社会学与历史学研究。

中世纪经院哲学、哥特建筑和创作"惯习"

为撰写《知识阶层场域与创作规划》进行研究时，布迪厄广泛阅读了大量艺术史著作，尤其是那些史学理念同加斯东·巴舍拉用来解读科学史的注释法相似的著作。在这些著作中，最吸引布迪厄的是埃文·潘诺夫斯基的艺术史学研究（[160]，[161]，[162]）。因为在他看来，潘氏对艺术史进行的探索并未采用自律的图像学方法，而是在对艺术家、艺术生产和语境之间的关系的探询中进行诠释。在大约 30 年后的回顾性文章《惯习与场域概念之生成》（The Genesis of the Concept of Habitus and of Field）（[48]）中，布迪厄说潘诺夫斯基的著述促进了"惯习"这一重要概念的成型。运用这一概念，他"既可以与结构主义范式分道扬镳，又不至于

退回到主观性或意识的哲学旧路上”（[48]; 13）。 69

在喜爱潘氏著作的热情的驱使下，布迪厄将《哥特建筑和经院哲学》（[161]）一书译为法文，并附了一篇长达 34 页的《后记》（[12]），以解读潘氏的历史注释法。后来布鲁斯·霍尔辛格[①]曾评论说这篇《后记》是“布迪厄著作中奇特的孤例”（[144]: 95）。不过，如果仔细读读这篇《后记》就会发现，布迪厄是以对潘氏著作的解读为工具，将他之前关于具体语境决定创作实践的一些分散的思考连接为整体的。

在这篇《后记》中，布迪厄对潘诺夫斯基的历史诠释法进行了褒扬。他称这种方法不仅超越了那些关注建筑风格特征的表现与演进的传统艺术史家，还尝试从社会历史语境对建筑创作进行诠释。布迪厄在此特意大肆嘲讽了艺术历史学家埃米尔·马勒[②]将中世纪的创造力归结为个人才华的产物这一观点，因为布迪厄断言这阻止了我们去“发现在艺术形式上群体性正是个体性的核心”（[86]: 226）。同时，他也驳斥了戈特弗里德·森佩尔[③]的 19 世纪决定论观念，他认为哥特艺术是经院哲学思想在石材上的直接表现（[86]: 229）。在抛弃了这些诠释方法之后布迪厄继而询问，**如何才能解释哥特建筑和经院哲学的关联？**对此他引用了潘氏的观点进行回应，即只有设法去发现中世纪建筑创作的手法，而不仅仅是依靠事后的诠释（即创作的效果）[④]才有可能找到这一问题的答案。当年在阿尔及利亚研究中，他曾试图探索一种能够解释人们 70

① 布鲁斯·霍尔辛格（Bruce Holsinger），美国批评理论家、中世纪文学研究家，现为美国弗吉尼亚大学（University of Virginia）英语系教授。——译者注

② 埃米尔·马勒（Émile Mâle，1862-1954 年），法国著名艺术史家、中世纪图像学研究先驱。——译者注

③ 戈特弗里德·森佩尔（Gottfried Semper，1803-1879 年），德国著名建筑师、建筑批评家。——译者注

④ modus operandi 与 modus operandum 为意义相对的拉丁文词组，分别指行为的习惯性手法和行为产生的效果。——译者注

在现实情境中如何行动的方法。而此时，很显然他已经发现将潘诺夫斯基的方法和他自己的探索结合起来，可以产生很好的化学反应。

潘诺夫斯基的研究发现，在位于巴黎周边 100 英里以内、建成于 1130 至 1270 年间的哥特式建筑与经院哲学思想之间，的确存在着某种同质性（结构上的相似之处）。而他认为，造成这种同质性的不仅是二者的同时性，即经院哲学或直接或间接地影响了建筑创作过程，还应包括那套同时教化了学者和建筑师的经院哲学思想体系。潘氏指出，托马斯·阿奎那[①]的权威著作《神学大全》(Summa theologica)中所体现的经院哲学的核心原则是“具现”(即“阐明是为了阐明本身”)([161]: 35) 和“调谐”(即“接受矛盾存在的可能性并最终使之调和”)([161]: 64)。他还认为中世纪的设计师们吸纳了这些原则并下意识地用来指导自己的创作。于是潘氏指出，这种具现和调谐均“自然地”体现在哥特建筑当中:“具现”体现在建筑各部分平衡的形式和构造体系内，“调谐”体现在基于不同规则的各个体系的和谐共存中。

对于这些为中世纪建筑师们吸纳并用来指导创作的原则，潘诺夫斯基使用了许多称谓，包括“形成习惯的力量”、“心灵习惯”、“思维习惯”和“规范行为的原则”(最后这一条参照了阿奎那《神学大全·第二部·第一部分·第 49 题·第 3 条·释疑 3》中“向行为传达命令的原则”一语)，并进一步指出:“这种心灵习惯作用于所有文明之中”([161]: 21)。威

① 托马斯·阿奎那(Thomas Aquinas，1225-1274 年)，中世纪经院主义哲学家与神学家，自然神学的先驱，被天主教会奉为最伟大的神学家。其哲学与神学理论的集大成之作即《神学大全》(Summa theologica)。——译者注

廉·汉克斯[1] 后来指出，布迪厄是通过将潘诺夫斯基的心灵主义、亚里士多德的具身化观念或者说性格[2]（将欲望/意愿与判断/评价相结合的个体秉性），以及心理学的习惯性概念或者说具身化相结合，以形成其术语“惯习”（来自于拉丁语的动词 habeo[3]）的（[141]:69）。正因为如此，布迪厄在后记中说，**惯习这一术语正可以解释那种“能够同时产生神学家的思想和建筑师的图式的方法”（[86]：233）**。

继承了潘诺夫斯基的观点，布迪厄指出，教育能够“向个体灌输一种非自觉图式系统，正是这种图式系统构成了前者的文化或更准确地说——前者的惯习；简言之，教育将集体传承转化为个体和集体的潜意识”（[86]：230）。他还表示，惯习会赋予“创作者他所属群体的以及时代的烙印，即便是他的那些似乎是最特别、最异想天开的创作活动实际上也是在这种烙印的指导与规范之下进行的，但是他本人并不知晓”（[86]：226）。

借助这种习惯观念，布迪厄便可以对个体文化实践在语境中的特点和在建筑与经院哲学思想间存在的同质性做出解释。而霍尔辛格对此的解释是：“哥特建筑和经院哲学不仅统一于二者形式的严整与和谐，也统一于二者的惯习，即规范了双方参与者的身心活动的秉性”（[43]：101）。在对这一影

① 威廉·汉克斯（William F. Hanks），美国语言学家、人类学家。因将布迪厄的实践理论引入对交流活动的研究而知名。现任美国加利福尼亚大学伯克利分校（University of California，Berkeley）人类学系教授。——译者注

② 原文如此。按亚里士多德著作中的用法，hexis 指一种较为稳定的习惯或秉性，一般译作“性格”、“习性”或“秉性”，与 embodiment 一词意义不同。且 William Hanks 的原文“Pierre Bourdieu and the Practices of Language”中未出现此词，而在本书后文又出现 embodiment 一词，故疑此处有误。——译者注

③ habeo 一词基本与英文词 have 相似，为用法极为广泛的最常用动词，其字面意义可包括拥有、保有、考虑、设想、解释、完成、保持、花费/打发（时间）等。——译者注

响深远的观念进行了解释之后，布迪厄又提出了这样一个问题，即惯习观念是否可以推而广之用来解释哥特建筑和经院哲学以外的其他中世纪学科之间存在的同质性。他引用了罗伯特·马利夏尔[①]在20世纪对中世纪文献的产生所做的分析[参见其著作《拉丁文著作与西方文明》(L'écriture latine et la civilisation occidentale)]([86]: 233)。马利夏尔在书中描述了中世纪的抄写员是如何通过接受经院教育形成惯习，并如何使用清晰的结构、纸面布局和字体(即整套表达系统)将经院哲学的教义转化为实践的([86]: 234-236)。布迪厄进而指出抄写员与建筑师均受过同一套经院教育的事实，这可以解释中世纪的书法与哥特式建筑之间惊人的同质性，比如说哥特式交叉拱顶的券脚与字体的衬线。

尽管布迪厄在论述中提出了将"惯习"作为一种解释个体创作实践的概念工具，但他本人也承认，这一概念有时会过于强调决定论——就像诺姆·乔姆斯基的"生成语法"[②]那样——并且也许无法解释历史性的变化([86]: 233)。布迪厄说这是因为真正的建筑史的特征是，不仅有建筑风格逐渐完善的阶段——即"逻辑可能性体系进行自我完善的意向被满足的阶段"([86]: 240)——也有风格发生转变或出现断层的阶段。而且，布迪厄也承认仅仅用大众品味的变化或技艺的改进并不足以解释这种风格的断层或者说"范式转变"，这是当年托马斯·库恩[③]在

① 罗伯特·马利夏尔(Robert Marichal，1904-1999年)，法国古文字学家、古文献学家。——译者注

② 诺姆·乔姆斯基(Noam Chomsky，1928年-)，美国语言学家、哲学家、认知科学学家、逻辑学家、政治评论家、无政府工团主义活动家，被誉为"现代语言学之父"。"生成语法"是其语言学研究的最大创见，指由语言使用者拥有的全部知识构成的内在心理语法。——译者注

③ 托马斯·萨缪尔·库恩(Thomas Samuel Kuhn，1922-1996年)，美国物理学家、史学家、科学哲学家，他在1962年出版的著作《科学革命的结构》中提出了"范式转变"(paradigm shift)这一影响深远的概念。——译者注

他影响深远的新作《科学革命的结构》(The Structure of Scientific Revolution)中所说的。布迪厄进一步指明了据他认为可以在某些特定历史时期导致风格断层的三种因素:能动个体的生平经历(这产生了他们的习惯),能动个体在各自所属的场域所拥有的权力(即他们的资本)以及各种对建筑场域造成了冲击的外部突发事件。

作为例证,布迪厄写道:苏杰院长[①]那种“明亮又炫目”的前卫美学之所以能够战胜克勒窝的圣伯尔纳铎[②]的禁欲主义,正是上述三种因素综合作用的结果,即他们的人生经历[苏杰来自贵族家庭,因此喜欢奢华;而圣伯尔纳铎出身贫苦,于是崇尚克制([86]: 241)]、社会地位(苏杰的社会地位高于圣伯尔纳铎,因此在开展文化创作工程上也有更大的权力)和社会环境的改变(包括城市化的加速以及大规模朝圣与集市活动的增多等)都带来了对崇尚奢华的新美学观的需求。于是,**布迪厄根据这一范式性的案例研究总结出了他的实践理论的核心原则,后来他用公式把这一原则表示出来:[(惯习)(资本)]+场域=实践([44]: 101)**。

在这篇后记的结尾部分,布迪厄赞扬了潘诺夫斯基的研究方法的自反性品质,并称潘氏“无论在何种状况下,只有在对某项课题的性质以及研究将会产生的结果有所了解后才会着手进行研究”([86]: 242)。

在这部译著出版后不久,布迪厄便抛弃了潘诺夫斯基的方

① 苏杰(Suger,1081-1151年),法国中世纪神职人员、政治家、历史学家、建筑师,自1122年起任巴黎圣德尼(St-Denis)修道院院长,在任期间主持了该修道院的重建工作,并因此被认为是哥特建筑的先驱者之一。——译者注

② 克勒窝的圣伯尔纳铎(Saint Bernard de Clairvaux,1090-1153年),法国中世纪神职人员、宗教改革家,引领了熙笃会(Cistercian Order)改革。于1115年在奥布河畔巴尔市(Bar-sur-aube)东南15公里处修建了克勒窝(Clairvaux)修道院。——译者注

法，这不是因为潘氏的研究常常被批评为对案例过于具有选择性，从而缺乏普适性（[144]: 99），而是布迪厄发现由于受到潘氏执着于图像学诠释方法的影响，自己慢慢地采取了一种居高临下的态度，开始对“文化作品创作与流通的社会条件”（[34]: 1）漠不关心起来。不过与潘诺夫斯基的《哥特建筑和经院哲学》结缘虽然短暂，但布迪厄受到的影响在日后看来却是颇为深远的，因为这使他逐渐摆脱了从现象学和结构主义角度解读实践的窠臼，转向了通过个体习惯和场域的交互作用审视行为的实践理论。此外，在潘诺夫斯基著作的帮助下，布迪厄深化了自己对教育机构在将“集体传承”转化为“个体和集体的潜意识”（[86]:230）中所扮演的有力角色的认识，其成果便体现在三年后出版的《繁衍》（La reproduction）一书中（[109]，[110]）。

迈向文化实践理论

20 世纪 60 年代结束之前，布迪厄已完成了对一系列分析概念如惯习、场域和资本的发展，并已指出这些概念有助于阐明文化生产者（作为社会化的能动个体）是怎样以及为何在文化场域（处于社会空间之内的半自律社会空间）当中活动的，他的实践理论即由此产生。他也宣称，这种新的社会学研究方法可以克服结构主义的决定论偏颇和现象学的主观成见。然而，他的场域观念在当时仍充满决定论意味。于是从 20 世纪 60 年代晚期到 20 世纪 70 年代早期，布迪厄撰写了一系列关于文学（[19],[20]）、艺术（[21],[29],[32]）、教育（[24]）和宗教（[22]，[23]）的社会—历史学与理论性研究论文，旨在进一步净化其正破茧而出的实践理论，以抹除结构主义的残余。

74

在论文《权力场域、知识阶层场域与阶级惯习》(Champ du pouvoir, champ intellectual et habitus de classe)([19])中，布迪厄扩展了之前在《知识阶层场域与创作规划》([10], [15], [18])中曾概述过的半自主性文化场域的观念。**在"权力场域"中，布迪厄以居斯塔夫·福楼拜的职业生涯为切入点，探讨了19世纪文学场域的结构及其与权力场域的关系。**与让-保罗·萨特在这位作家的传记([172])中所描述的截然不同的是，布迪厄指出福楼拜在社会空间中所处的是一种阈限的位置，即在具有宰制地位的贵族场域和被宰制的文化生产场域的交界处，而正是这一位置使得这位作家能够客观地观察这二者的机制及其相互关系，并在其小说中表现出来。在《权力场域》中，布迪厄也提出了一种用以分析文化实践的通用的、三阶段的"科学"方法，这种方法可以追溯到三年前在《社会学技艺：认识论初步》([96], [97])中已形成轮廓的那种普适性社会学方法。据布迪厄的解释，这种方法的三个阶段分别为：第一，"分析知识分子和艺术家在宰制阶级结构内或相对于宰制阶级所处的位置"；第二，"分析在任意给定时期的知识阶层场域中，不同群体所占据的位置之间的客观关系"；最后，"在以上两种参量所构成的语境中对个体的社会轨迹进行审视"([19]: 15)。

在论文《文化繁衍与社会繁衍》(Reproduction culturelle et reproduction sociale)([24], [28])中，布迪厄回到了对教育的探讨。在这里，他将他的关于教育的通用理论挪用于文化场域，并主张教育有这样一种"潜藏的"作用，即将当权阶级的文化惯习繁衍于其子女身上，从而保证阶级体系的存续。

最后，布迪厄的《象征性商品的市场》([20], [47], [105]: 112-141)拓展了他的"功利的"的通用资本(社会资本、

经济资本与象征 / 文化资本）理论，以便对文化生产场域中能动个体之间的相对位置进行解释。

权力场域与文化生产场域的关系

作为《象征性商品的市场》一文的破题，布迪厄复述了早先对文化生产场域自主性的生成所进行的诠释，以及这种自主性所带来的“为艺术而艺术”、或者说“作为意义的艺术”的象征性观念，这与“作为商品的艺术”的实用主义导向正相反（[18]: 164）。接下来，**他对自主文化生产场域的概念进行了阐释，即该场域分为两个部分：限量生产场域（FRP）和大量生产场域（FLP），**二者分别为不同的市场服务，并且对文化产品的商业和象征内容赋予了不同的相对价值或者说资本。正如布迪厄指出的，在限量生产场域中，相对于象征性价值及生产者和消费者所共同追求的文化资本的长期积累与形成，文化产品的经济价值倒是次要的。

布迪厄也指出，限量生产场域是最为自主的部分，其存在不依赖任何外部市场，于是也就能够规定自己的信条和价值观，尽管这两者始终是内部角逐的对象。然而，布迪厄也解释了与此相反的大量生产场域的情况，即其中经济利润比象征价值更为重要,所以该场域以获取短期利润为导向。因此，在大量生产场域中，产品生产需要服务于场域外部的大规模短期市场（即广大公众），故必须回应并顺从后者的要求。

布迪厄明确地宣称，工作于这两个亚场域的文化生产者均具有高超的技艺，虽然他也指出，为了与各自所属的亚场域的特性相适应，他们的技艺是不同的。他还指出，限量生产场域——包括高雅艺术（或者说“为艺术而艺术”）还有建筑——以保护主义为导向，会将其信条和价值体系隐藏在“理想主义”和“神秘”的面纱下；而大量生产场域，包括时尚和商品艺术则更加开放、更加功利。然而，布迪厄告诫读者不要将他的亚场域划分看成是一种僵硬的二元对立体系：“读者应该意识到，这两种象征性商品的生产模式之间的对立绝不仅仅是一种限定性的边界建构，因为这种对立只有通过二者间的关系才能被定义”([48]: 29)。用图示来表现这一关系模型对于 1971 年的布迪厄来说还是力所难及，这在几年后的社会关系图谱（图 7、图 8）中才得以实现。正因如此，此时他对关系概念的阐述还是较难理解的。

在《象征性商品的市场》一文余下的部分中，布迪厄集中讨论了限量生产领域和其中的文化生产者、中间人、机构同消费者之间的相互关系是如何生产与再生产文化价值观的。首先他再次强调，能使文化商品先天具有价值的固有属性并不存在，它们的价值是由当权者（也即文化资本最为雄厚的人）赋予的。而且，由于面临着其他人为取而代之而发起的挑战，当权者始终要奋力维持自己的权威，就是说“任何文化生产活动都暗含着对确立文化正统性的不懈追求”([105]: 116)。

布迪厄同时提醒读者，对于以文化正统为主要竞争对象的限量生产场域而言，其内在功利更为看重的不是金钱（“经济”资本）而是文化（“象征”资本）。那些获得了文化正统性的人同时也获得了“优越性”，因为他们的文化价值观也是“优越的”。这种“优越”具有两种含义——不凡且优等，稀有故珍贵。布迪厄坚持认为，由于文化价值的构建是约定俗成的，因此已然获得这种“优越性”的人也就注定要面对场域中的新人和其他志存高远的文化生产者们坚持不懈的挑战。这些对正统地位的“觊觎者”会创作相对于场域的既定正统而言较为“新颖”的作品作为开拓新市场的策略。这种策略如果成功，便会使他们的文化资本日益增加，并最终获取“优越性”和正统地位。参考马克思·韦伯对教会等级制度的分析，**布迪厄说那些已占据正统地位的人也会采取策略以求击退所有竞争者来维持自己的地位，这种策略后来被布迪厄称为“象征性暴力”**。为此，他指出场域中的宰制群体会将各种机构用作机制，以确立并限定新兴的或现存的价值观、偏袒特定的文化商品、对某类文化生产进行选择性的扶持，还有支持缓慢的改良以遏制前卫派的革命倾向。

“惯习”与场域的关系

在《象征性商品的市场》的结尾部分，布迪厄探讨了如下内容：能动个体的惯习是如何将他们在文化生产场域中置于彼此关联的位置之上的（根据他们的资本总量和构成情况）；在此之后惯习和这些位置是如何交相作用从而使他们选择自己的立场以求提升在场域中的地位，布迪厄称之为“就位”。对这些问题他解释说：“智识上或艺术上的就位是一场竞赛的参赛者们下意识采取的策略，而这场竞赛所争夺的是文化正统地位及其能够带来的行使象征性暴力的正当权利”（[48]: 40）。当时布迪厄正试图在概念上与“行为由规则决定”这一结构主义观念划清界限，于是他迫切地强调：“就”什么“位”并不是预先决定的，而是如他所言，在惯习的无意识图式的作用之下，“从理论上来说，有一整套‘位’可‘就’”（[48]: 35）。不过，布迪厄也指明，能动个体对于“就位”与地位提升之间的因果联系的主观认知很可能不会考虑到那些客观的限制因素。他解释其原因是这些志在向上的能动个体没有意识到宰制群体采用了像教育方法这样的策略，它们看上去似乎是雨露均沾的，但事实上却经过精心设计以保证“富者愈富”（[178]），从而能够不知不觉地继续保持宰制群体的宰制地位。

在《象征性商品的市场》中，布迪厄提出了一种假说用来解释权力场域与文化生产场域之间的关系，以及文化生产场域中能动个体及其行为的关系。于是，在 1971 年，布迪厄已发展出了他的实验性文化实践理论、三阶段式“科学”方法以及一套概念工具（惯习，资本和场域）。在这些理论、方法和概念的武装之下，他已做好了全面揭示文化在当代社会的运作方式的准备。

79

80 第5章

文化生产场域

到20世纪70年代中期，通过与雷蒙德·阿隆在位于巴黎的欧洲社会学研究中心的合作，布迪厄成功地帮助阿隆为社会学确立了自主学科场域的地位。同时，为了提高自己的国际学术声望，布迪厄于1972年出版了《实践理论纲要》（Esquisse d'une théorie de la pratique），并于1977年稍加修订后出版了该书的英译版（[25]，[34]）。此时，布迪厄的成功已为其积累了可观的文化资本，这使他能够获得经费资助，以开展更为深广的社会学研究，并支持其他志同道合的学者。1975年，他创办了《社会科学研究文辑》杂志，旨在为以当代诸多社会现象为研究对象的社会学充当喉舌。此外，**他也继续进行自己的社会学研究，探索了一系列从未有人涉及且往往是被禁忌的文化生活领域（场域），**其中包括运动（[37]）、时尚（[30]，[102]），诗歌（[106]）、品味（[112]）、政治（[33]，[45]）、住房市场（[98]，[74]）以及电视与新闻业（[67]）等。在对这些课题的研究中，布迪厄得以使用并改进了他的科学研究方法，通过在这些"案例"中收集论据，并进一步阐明了其普适性的实践理论，也揭示了一些具体场域的特性。

如同其早年在阿尔及利亚进行的实地调研，布迪厄在20
81 世纪70到80年代间进行的研究均以对政治的关注为基调，而认识到这一点是很重要的。他的主要目标之一，便是揭露与解读那个因被"误读"而使社会不公得以延续的社会关系系统（即个体、场域和社会之间的相互关系）。

在本章，我们将讨论布迪厄的三项实证研究课题，研究对象均为物质文化的生产：时尚、文学与住房。

时尚场域

以前文化生产研究是极少接触时尚生产的领域的，作为以社会学研究方法审视这一领域的成果，布迪厄发表了两篇论文，《高端时尚与高雅文化》(Haute couture et haute culture)([30]，[64]：132-138)和《时尚设计师及其标签：魔术理论文稿》(Le couturier et sa griffe：contribution à une théorie de la magie)([102])。早在1968年罗兰·巴特[①]就有一本重要的时尚研究著作《时尚系统》(The fashion system)([118])问世，该书从符号学的角度对时尚产业进行了审视。巴特对当时女性杂志用来描述时尚的符号进行了分析，并得出结论：时尚杂志的话语体系塑造了其读者的品味，并相应地为这类品味开拓了市场。与巴特相比，布迪厄的研究目标和方法则植根于社会学，即通过访谈与其他形式的定量和定性的资料收集方法对时尚场域的逻辑进行解读。

布迪厄以1974年在法国阿拉斯市[②]诺贺依文化中心的讲座为基础撰写了关于时尚场域的第一篇论文——《高端时尚与高雅文化》，随后在该中心的期刊上发表。他的第二篇时尚研究论文——与伊薇特·德尔索[③]合著的《时尚设计师及其标

① 罗兰·巴特(Roland Barthes，1915-1980年)，法国文学批评家、文学家、社会学家、语言学家、哲学家及符号学家。被奉为后现代主义的先驱。——译者注

② 阿拉斯(Arras)，法国加莱海峡省(Pas-de-Calais)首府，行政上属于法国北部大区北部-加莱海峡(Nord-Pas-de-Calais)。——译者注

③ 伊薇特·德尔索(Yvette Delsaut)，法国当代社会学家。当时供职于欧洲社会学研究中心和《社会科学研究文辑》杂志社的布迪厄研究团队。——译者注

签：魔术理论文稿》在一年之后刊登在《社会科学研究文辑》第一期上。这两篇论文使用了相同的实地调研材料。在论文中，**布迪厄将法国高端时尚界定性为“角逐相同目标的个体或机构之间的客观关系的场域”**（[64]：133），并在此种定性的基础上，对该场域进行了充分的描述。

82

巴特认为，时尚杂志的影响与品味的产生之间存在因果关系。而在《时尚设计师及其标签》的开篇，布迪厄便明确地对这种观点进行了批判。他声称巴特的论述过于简单化，因此无法理解还有其他许多能动个体（如设计师、进货员、商店和消费者）也在时尚场域中活动，并且这些个体共同参与了品味的生产。接着，布迪厄便对这一更加复杂的关系网络进行了阐述。

时尚品牌

通过对时尚场域的研究，布迪厄希望能为他的通用实践理论找到一个范式性的案例。他在《高端时尚与高雅文化》中指出，时尚场域像其他文化场域一样也是一种存在于社会中的半自主的社会化空间，其中也有各式各样的、信奉该场域价值观与运作逻辑的能动个体。而时尚品牌也在这些能动个体之中，且它们在场域中的相对地位取决于各自占有的资本总量（经济资本 + 社会资本 + 文化资本）以及以该场域的既定资本等级标准为依据的各类资本的构成情况。随后，布迪厄用一种平实易懂的方式描述了时尚品牌是如何采取策略以谋求其社会地位的提升的。这些策略基于它们对成功概率的客观评估，然而这种评估的结果又受它们在场域中所处地位（资本总量与构成情况）的制约。作为对题目的解释，布迪厄将“高端时尚”定义为由资本最雄厚、根基最稳固、政治立场最保守的时尚产品公司创造出的奢华、传统、保守、体现着资产阶级品味的风格。这些品牌在场域中占有宰制地位，并采取相应策略维持这种地位。与此相对，布迪厄将“高雅文化”定义为资本较薄弱的、处于被宰制地位的、前卫的新锐品牌所生产的“年轻”、廉价、现代、简朴、体现着知识分子品味的风格。这类品牌作为宰制地位的“觊觎者”采取的是颠覆性的策略以求提高社会地位，并期望最终获得场域的宰制权。布迪厄指出宰制者和觊觎者之间的这种争斗正是场域变革的动因（也即场域的动力）。在第二篇论文《时尚设计师及其标签》中，布迪厄也指出，虽然在各时尚品牌间存在这种争斗，但他们都是认同时尚场域的存在方式的。因为若非如此，作为争夺对象的象征性权益便会受到损害。也就是说，如果各品牌均否认衣物可以被赋予象征性价值，那么时尚场域得以确立的基础便会毁于一旦，时尚产品的价值也会沦为仅仅是其物质价值的直接反映（[102]: 15）。

《高端时尚与高雅文化》也指出，**各品牌在时尚场域的社会化空间中所占据的社会地位与他们的政治倾向（左翼或右翼）及所处的地理空间也会出奇地吻合**（[64]: 133-134）。例如，左翼前卫品牌（力图颠覆既有宰制品牌之地位的觊觎者）如帕高·拉巴纳[①]、伊曼纽尔·温加罗[②]等，均位于巴黎左岸地区；而享誉已久的保守主义品牌如克里斯汀·迪奥[③]、皮埃

① 帕高·拉巴纳（Paco Rabanne），在我国通称为“帕高”或“帕科”，于20世纪60年代由西班牙同名设计师在法国创立的时尚品牌，以塑料、玻璃纤维等前卫材料的实验性时装起步，现已成为高端时尚品牌。——译者注

② 伊曼纽尔·温加罗（Emanuel Ungaro），在我国通称为“温加罗”或“恩加罗”，于20世纪60年代由法国同名设计师创立的时尚品牌，以具有女将士风格的现代主义女装成名，现已成为高端时尚品牌。——译者注

③ 克里斯汀·迪奥（Christian Dior），在我国通称为“迪奥”或“CD”，于1946年由法国同名设计师创立的高端时尚品牌，始终为高级奢华的女性时尚用品的代表品牌。——译者注

尔·巴尔曼[①]则位于右岸。

84 ## 时尚设计师

在《时尚设计师及其标签》中，布迪厄指出时尚设计师的行为模式与所属的时尚品牌是对应的，即高端时尚品牌的设计师在场域中占据宰制地位，他们拥有“最强大的、可以用个人签名——即标签将产品定义为珍品的能力，于是他们的标签便意味着最高的价格”（[102]：133）。

换句话说，在场域中的地位使他们能将象征意义赋予物质产品，即给了他们炼金术士般的能力（如迈达斯[②]的点金能力），能够在不改变物质性质的前提下提高衣物的经济价值。布迪厄将这一过程称为“象征交换”，就是将一种类型的资本转化为另一种的能力。另外，他还认为高端时尚设计师均形成有这样一种观念，即他们拥有的魔术般的创造力可以作为维持其宰制地位的策略。与此相对，布迪厄也指出高雅文化设计师因为缺乏文化或经济资本，在场域中处于被宰制地位，因此会采取前卫的策略（包括设计），期望通过开拓带来成功的新市场。这种策略如果能够奏效，将增加高雅文化设计师们的资本，并使他们最终占据宰制地位（具有讽刺意味的是，在这时他们将会摇身一变，成为高端时尚的代言人）。为了说明这种方法，布迪厄举了时尚设计师安德烈·库雷热[③]的例子。

---

① 皮埃尔·巴尔曼（Pierre Balmain），在我国通称为“巴尔曼”，于1945年由法国同名设计师创立的高端时尚品牌，产品以风格典雅著称于世。——译者注

② 迈达斯（Midas），希腊神话中小亚细亚地区弗里几亚（Phrygia）的国王，以富甲天下著称。他拥有使接触的物品变为黄金的能力。据亚里士多德的记载，他最后死于饥饿，因为他将所有食物都变为了黄金。——译者注

③ 安德烈·库雷热（André Courrèges，1923年－），法国时尚设计师，据传为迷你裙的发明者之一，被誉为未来主义时装之父。——译者注

他说库雷热的前卫之处不仅在于那些为响应20世纪60年代女性解放潮流而与玛丽·官[①]遥相呼应的设计（他发明了迷你裙和女衫裤套装）还在于他的个人生活方式：

> 以库雷热而论，其公寓反映出……这样一种革命性的决心，即消除一切历史影响，重新从零开始在对象本身的层面上构思一切，包括形式与功能的空间表达、材料及色彩，并且仅仅以舒适和实用性为追求目标。16（[102]：11）

85

接着，布迪厄探讨了时尚品牌在促进年轻设计师事业发展方面所起的作用。他指出，年轻设计师在创立自己的品牌并成为前卫的权威"觊觎者"之前，会选择加入已然成名的品牌，并借此获得场域的认同。

布迪厄也指出，对于高端时尚品牌来说，在给予年轻设计师表达自我的自由和维护品牌特质之间是存在矛盾的（在建筑界，这种矛盾也始终存在）。一个品牌的开创者与该品牌在社会建构中所形成的标签是密不可分的，布迪厄在此引用了一些在主创设计师死后品牌特质即消亡殆尽（如迪奥和香奈儿[②]等）的实例，给出了令人信服的解释。他甚至宣称，正是这一人尽皆知的道理，在一定程度上造就了时尚界活力满溢、日久常新的特质。

在结尾部分，布迪厄探讨了时尚场域与外部世界的关系。他指出，像库雷热这样能够抓住外部机遇并将其融入自己作品

① 玛丽·官（Mary Quant，1934年－），英国女性时尚设计师，伦敦摩斯（Mods）亚文化和青年时尚运动的领军人物之一，也是迷你裙和热裤的发明者之一。1960年在伦敦创立同名品牌，而现在该品牌的时装已经衰落，但化妆品系列依然享誉全球。——译者注

② 香奈儿（Chanel），法国顶级国际时尚品牌，1910年由可可·香奈儿（Coco Chanel，1883年－1971年，原名加布里埃尔·博纳尔·香奈儿 Gabrielle Bonheur Chanel）创立于巴黎，产品以精美、简洁及高雅著称。——译者注

的设计师，在时尚场域中是最有前途的。这是因为他们的作品有开拓新市场的潜力，并且这种新市场终将取代占据宰制地位的现有市场，而后者注定是要过时的。**布迪厄认为，能够引发时尚场域剧变或断层的因素，更多来自于外界而非场域本身。**这就意味着在时尚品牌与设计师向正统地位迈进时，也注定与外部世界渐行渐远，因此他们及其作品也就必然会失去宰制地位，为新涌现的那些前卫的权威“觊觎者”取而代之。

为阐明其理论，布迪厄在《时尚设计师及其标签》的结尾指出：新兴小资产阶级的市场更偏爱追求新奇事物（包括竞技体育、旅行和度假小屋）以获取“优越”感，因此也就需要不那么奢华但更加实用的服饰，而这从根本上动摇了高端时尚的存在基础。其实，对此后出现的多元化大众消费市场而言，高端时尚是有适应能力的，但身处 20 世纪 70 年代的布迪厄却并未预见这一点。对于时尚场域的转变，尤其是该场域与外部世界关系的重构，日后斯莱特（[177]:159）、鲍考克（[122]:94）、瓦内利斯（[181]）、卢瑞（[156]:81）、麦克罗比（[158]）和洛卡莫拉（[170],[171]）等学者[①]均有论及。而这些研究

---

① 唐·斯莱特（Don Slater），英国当代社会学家，现任伦敦政治经济学院（The London School of Economics and Political Science）社会学系副教授。
罗伯特·鲍考克（Robert Bocock），英国当代社会学家，现任英国开放大学社会学系高级讲师。
卡西斯·瓦内利斯（KazysVarnelis），美国当代史学家、建筑理论家，现任美国哥伦比亚大学（Columbia University）网络建筑实验室（Network Architecture Lab）主任。
西莉亚·卢瑞（Celia Lury），英国当代社会学家，文化理论家，现任英国华威大学（Warwick University）交叉学科方法研究中心（Center for Interdisciplinary Methodologies）主任。
安吉拉·麦克罗比（Angela McRobbie），英国当代文化理论家，评论家，女权主义者，现任伦敦大学金史密斯学院（Goldsmith College, University of London）传播学教授。
艾格尼丝·洛卡莫拉（Agnes Rocamora），英国当代社会学家、文化学家，现任伦敦艺术大学（University of Arts London）社会及文化研究副教授。——译者注

发现，时尚场域的日益商业化导致了商业利益对高端时尚的侵蚀（比如出现了较廉价的衍生品牌产品）、流行时尚多元化的勃兴以及高端时尚与流行时尚之间共生关系的新发展，这些都极大地挑战了布迪厄的二元对立模型。然而，布迪厄后来对其他文化生产的亚场域，包括艺术（[103]，[104]）、电视和新闻业（[67]，[72]）进行的研究倒是探讨了商业利益日益侵蚀限量生产场域所造成的影响，也体现出了他从结构主义向关系型诠释方法转变的概念上的进步。

住房生产场域

对法国住房生产场域的研究，是布迪厄后期进行的几个大型社会学课题之一，本章将对此加以介绍。这项研究以瓦兹河谷省为例，着重考察了20世纪80年代末法国私人住宅行业的发展，并广泛收集统计数据以及该场域中各类能动个体，包括住宅建造业者、房地产开发商、购房者、当地政府规划人员及信贷业者等的访谈记录。研究成果最初于1990年以《住房经济（L'économie de la maison）》（[98]）为题发表在《社会科学研究文辑》特刊上，后又于2000年作为专著出版，即《经济的社会化结构》（[74]，[85]）。**在本书的序言中，布迪厄用实证调研的成果佐证他的普适理论观念，即就经济状况和社会因素两者的关系来说，前者应是后者的产物，而并非如"第三路线"**[①] **的新自由主义经济学家们所声称的那样——两者无关或后者是前者的产物：**

87

① 第三路线（Third Way），政治经济学流派，为社会民主主义和社会自由主义支脉，主要立场为同时反对传统社会主义和自由资本主义，主张求得两者的折中与平衡，政治立场为中偏左。代表人物包括英国后现代主义社会学家安东尼·吉登斯（Anthony Giddens）与前首相托尼·布莱尔（Tony Blair）。——译者注

> 我们心里必须清楚，真正的实践经济理论的关注对象，归根结底来说，只能是进行生产及繁衍活动的能动个体的经济状况以及从事经济、文化和社会的生产与繁衍的机构的经济状况——换言之，也正是最完整、最通用意义上的社会学的研究对象（[85]：13）。

接下来，布迪厄号召社会学家回到对经济的研究中去，并将其置于社会学学科的核心地位。

以上述实证调研结果为绝佳例证，布迪厄说明了场域的不变特性是如何在具体时空背景中呈现为特定形式的。序言后的各章详述了案例研究的发现，而这些章节的组织形式基本与布迪厄的三段式社会学研究方法保持一致（即调查的是如下问题：1. 住房生产场域与政治 / 权力场域的关系；2. 住房生产场域的结构；3. 住房生产场域中能动个体的活动）。

第一章“住房市场”采用了早先发表的两篇论述更为详细的文章，即《父职》（Un placement de père de famille）（[98]:6-33）与《所有感》（Le sens de la propriete）（[98]:52-64）的研究成果。通过与稍早的加斯东·巴舍拉相近的方式，布迪厄在这里指出，住宅在世人眼中是有象征意义的，即除物质或者说经济价值之外也具有象征性价值。因此，购房作为投资活动也会被看作具有双重意义，这不仅是一种长期的经济投资，也是对家和家庭这种象征性观念的投资。他进一步论述道，对于住宅的形式、内容和风格，购房者会展现出不同的偏好，而这些偏好恰能反映出他们在社会空间中的地位（决定于他们资本的总量和配置情况）以及社会轨迹，而房地产市场则采取了相应的组织形式来满足购房者这些复杂的需求。为证明这一点，布迪厄对新形成的一类购房者阶级的偏好进行了细述：该阶级由低收入工薪阶层组成，此前由

88

于缺乏资源，他们只能租房居住，并秉持一种“现实品味”。但是由于现在可以申请房屋贷款，则购房在他们眼中既是经济投资，也是一种象征性投资：一个可以居住在理想的“传统”住宅中的机会（[85]: 57）。接着，**布迪厄描述了房地产开发商在意识到购房活动蕴含的这层象征性涵义之后的应对方式，那就是在广告中针对“传统”进行产品的推广，尽管有时那些“传统”的元素不过是似是而非的噱头而已（[85]: 58）**。

接下来，布迪厄详尽地考察了住宅建造业者的亚场域的组织方式（[85]: 42–54），讨论了房地产开发商和建造业者相对的社会地位、他们过去的轨迹和将来的策略、企业之间的竞争以及各企业与各自对应的市场之间的同质关系。

布迪厄收集了五十余家住宅建筑公司的资料，对其进行了分析，发现这些公司在企业规模、财务结构、生产体系和市场推广策略等诸多方面的差异均非常显著。正是这些差异决定了场域内权力分配的结构和各公司争夺权力的方式。例如，布迪厄提出，大型建筑商处于场域的一端（大量生产场域），它们致力于大批量建造象征性价值较低的房屋，而这与场域的另一端（限量生产场域）形成鲜明对比——在这里小型建筑公司服务于小众市场，并致力于遵照本地的建筑传统建造象征价值较高的住宅。

在第2章“国家与市场建构”（The State and the Construction of the Market）中，布迪厄引用《建筑业市场》（La construction du marché）（[98]: 65–85）的研究发现来解释法国政府的有关政策是如何从权力场域促进国内住房市场的增长的。他尤其强调，正是由于国家对金融市场的调节力度逐渐减轻，抵押信贷市场才从1966年开始繁荣，建筑业市场可以获得的外部投资也日益增多，于是低收入阶层对政府提供住房的需求才因此降低。布迪厄在此指出，一方面，政府与住房建设及销售的业内人士（住房设计师，建筑商，材料供应商，房地产经纪人，抵押贷款经纪人）能明显从这些变化中获利；另一方面，另一类能动个体，即工薪阶层的购房者却只能尝到暂时的甜头。

第 4 章则是对较早的《胁迫下的契约》(Un contrat sous contrainte)([98]: 34-51）一文的修订。这一章调查了售房人员的推销技巧及他们与购房者在现实中的互动，同时也收录了布迪厄对双方分别进行访谈所得的材料。通过对这些材料的分析发现，售房人员很清楚他们推销的真正商品是贷款而非房屋，于是其任务便是激发出购房者与其还贷能力相应的购买欲。布迪厄对售房人员的推销手法进行了描述，而他描述的东西使人很不舒服，因为这些手法甚是不择手段——或是描述一个拥有房屋等于拥有幸福和社会地位的梦境，或是试图用熟人的语气套近乎，或是用金融术语使人一头雾水，并以此来获得购房者的信任：

90

> F 夫人[①]：前一段时间来了寒流，当时贵公司房屋的住户在御寒方面有没有问题？
>
> 销售人员：（抓住机会以个人身份介入）显然没有，我完全没遇到什么问题。我就有一套 G 公司的房屋（[85]：164）。

在这一章的最后，布迪厄收录了他对一些首次购房者的访谈记录，这些访谈是在受访者购房一段时间之后进行的([85]: 185-192)。从这些记录可以看出，受访者时常感到后悔，因为他们在购房之前未意识到，也未被告知远居城郊要付出的心理和经济代价以及巨额贷款带来的长期债务负

---

① F 女士（MME. F.），这里布迪厄记录的是一次真实发生的房屋推销过程，双方名字均用符号表示，一方是想要购房的 F 夫妇，另一方是房地产公司的推销员 G。——译者注

担。比阿特丽丝，一位四十岁的文员——在谈到按揭还款的负担时解释道："我们是真没想到这点。买房子的时候你眼中只有那种理想国度[①]，完全没有理智。你看到房子想象的是孩子在里面的样子"（[85]：187）。与布迪厄这一研究发现不谋而合的是英国广播公司的电视剧《自由落体》[②]，该剧描绘了2009年的金融危机对普通人的影响，其中一条故事线讲述的就是一名可怜的警卫如何被一个不择手段的地产经纪人朋友欺骗而买了房子，陷于入不敷出的困境（[173]）。

在本书出版约十五年之后，戴维·斯瓦兹[③]和维拉·佐尔伯格[④]指出，布迪厄这一影响深远的研究阐明了：

> 个体的购房欲望不仅是个人的事，还牵扯到各种各样的决定购房能否发生的社会和政治状况。因此住房供给不仅是无形的市场力量作用的产物，像技术至上主义和新自由主义宣称的那样，同时也是政治决策和政治利益分配的结果。（[180]：346）

91

布迪厄的案例研究，令人信服地展示了他的"实践经济"理论，这一理论强调经济因素永远是更大范围内社会与政治现象的内在有机组成部分。

---

① 理想国度，原文为云中杜鹃国（Cloud Cuckoo Land），古希腊悲剧作家阿里斯托芬（Aristophane）在喜剧《鸟》中描绘的理想国度，现为习语，用来描述一厢情愿、不切实际的幻想。此处意译。——译者注

② 自由落体（Freefall），英国广播公司（British Broadcasting Company，BBC）上映于2009年7月的单本电视剧，以2009年的金融风暴为对象，描述了三个群体在风暴中的生活。导演为多米尼克·萨维奇（Dominic Savage）。——译者注

③ 戴维·斯瓦茨（David Swatz），美国当代社会学家，现为波士顿（Boston University）大学社会学系副教授。——译者注

④ 维拉·佐尔伯格（Vera Zolberg），美国当代社会学家，现为纽约新学院（New School）社会学系教授。——译者注

艺术与文学场域

在 20 世纪 70 年代，布迪厄最为著名的工作便是以法国社会的品味为对象的大规模社会学研究，成果便是《区隔》（[39]，[44]）一书的核心部分。《区隔》取得的成功，起初在法国，随后在欧美其他国家，可以说转移了他人对布迪厄在文化生产场域这一课题上进行的不断探索的关注。20 世纪 70 年代末期，布迪厄出版了与《区隔》同样重要的《实践逻辑》（Le sens pratique）（[42]，[60]），这是对 1972 年出版的《实践理论纲要》（[25]，[34]）的修订。**布迪厄抛弃了早前对实践的结构主义解读（即关注实践的效用），而代之以一种完全的程序性实践观念（即将实践看作手法）**。在 1970 年代结束之前，布迪厄已然做出这样的论断：与其说各场域内的能动个体被动遵从于“客观”规律，倒不如说他们是在主动采取某些行为策略，而场域不过是这些策略的产物（比如各种竞赛①本身就是策略）（[60]：57）：“一个好选手的所有行为都会依照游戏的要求，这就需要他们始终具有创新能力，因为如果要应付变幻无穷、形形色色的情况，这种能力是不可或缺的（[58]：63）。

92

此外，布迪厄还在《实践逻辑》中勾勒出了他抱持的这一信念：社会学研究者应扮演一种“自反性”角色，他坚信后者应清晰地认识到自己作为研究者也是受制于某种情境的，这

① 竞赛（game）：按英语中 game 一词可特指游戏——如儿童游戏（child game），或竞赛——足球比赛（football game），也可引申开来，泛指某种参与者们联合或互相对立并以达成某种目标而进行的具有某种规则的竞争，如政治角逐（political game）和第 3 章出现过的婚姻竞赛（matrimonial game）。在原书 *In Other Words: Essays towards a reflexive sociology*（见下注）中，布迪厄对该词的使用多为后者，但也有特指游戏或体育比赛之处，则具体翻译由语境而定。——译者注

就颠覆了他之前所持有的研究者可以发现关于这个世界的“客观”知识的观念。这些重要的概念性进展为布迪厄后来的实例研究，包括那些对物质文化进行的多角度考察奠定了基础。

在整个20世纪80年代，布迪厄对艺术与文学场域进行了一系列的社会历史研究，这些研究是以早前对居斯塔夫·福楼拜和19世纪艺术与文学场域的社会生成（social-genesis）（[11]）的探讨为基础的。研究的成果最初以演讲的形式发表，之后才陆续付梓（[32]，[43]，[51]，[52]，[56]，[105]）。但是布迪厄在20世纪80年代的代表作，却是一本对19世纪巴黎的文学场域进行综合性社会学分析的著作，即《艺术法则》（[63],[66]）。在此书中，布迪厄运用了他“科学”的社会学方法，即自反性的“三段分析法”，从而揭示了能动个体的实践是如何关联于文学场域的内在逻辑，又如何转而与权力场域发生关系的。从许多角度来看，布迪厄对文学场域的研究都可与当时福柯[1]对19世纪新兴的医药行业（[130]）与刑法系统（[129]）所作的探索相媲美。与之前的《区隔》（[39]，[44]）极为类似的是，《艺术法则》的主体部分早先均已发表，故读起来也像是由不同部分拼成的杂烩，而非连贯的文本。

在该书的前言中布迪厄表明，他“对艺术品生产与接收的社会情境所进行的科学分析”（[66]: xvii）有意于挑战这样一种观点：艺术应当是大音希声的，因此完全无法被理性解读：

> 欲在文化用品价值的产生这个问题上建立一套严谨的科学的主要障碍即为……（这种）天赋神授的意识形态。此类意识形态事实上使大家仅关注表面上的生产者，如

① 米歇尔·福柯（Michel Foucault，1926-1984年），法国哲学家、思想史家、社会理论家、文献学家与文学评论家。尽管其本人并不承认，但通常被视作后结构主义和后现代主义的领军人物。

画家、作曲家和作家等，而阻止我们追问到底是什么产生了这些“创作者”并赋予了他们能够使作品发生质变的神奇力量。([66]：167)

布迪厄指出，只有那些通过宣传艺术具有玄妙或超越特质之类的神话从而获取了他们今日之地位的人，才有理由害怕他“科学的”方法。然而，他也承认“有人担忧将艺术之爱置于解剖刀下可能会导致焚琴煮鹤，从而虽可促进解读，却妨碍传达感情，这种担忧是有道理的”([66]: xv–xvi)。为消解此类担忧，布迪厄表示其“科学的”分析法能够加深而非排斥对艺术的理解与体验([66]: xvii)。他提出，通过“感觉”艺术品于其中被创作出来的空间，人们能够更好地理解创作者的行为。布迪厄以艺术生产为对象的这种崭新的社会学分析方法能够在创作者们的语境中对他们进行定位，但又避免了将他们的行为简单解读为对社会语境的反映——像马克思主义者们所倾向的那样，或是某种自律学科话语的产物，像同时的美国社会学家霍华德·贝克[①]及其追随者们所主张的那样([119])。

在《艺术法则》的序言中，布迪厄综合了之前对福楼拜的小说《情感教育》[②]所进行的社会学分析的成果，包括论文《艺术家生活的发明》(l'invention de la vie d'artiste)([31]，[54])、1986年在普林斯顿大学的三场讲座([105]:

① 霍华德·索尔·贝克(Howard Saul Becker，1928年–)，美国当代社会学家，主要研究越轨社会学(sociology of deviance)、音乐社会学和艺术社会学，为标签理论(labellig theory)的奠基人，为第二代芝加哥社会学派(Chicago School of Sociology)成员。其亦常被认为是符号互动论(symbolic interactionism)者和社会建构论者。——译者注

② 《情感教育(L'Éducation sentimentale)》，为居斯塔夫·福楼拜的批判现实主义小说，出版于1869年。主要描述资产阶级出身的法国年轻人弗雷德里克·莫罗(Frédéric Moreau)在法国大革命及法兰西第二帝国建立等大事件背景下的感情与生活轨迹。——译者注

145-192），以及随笔《福楼拜的观点》（Flaubert's Point of View）（[56]，[105]：192-211）。**布迪厄在序言中指出，福楼拜是位“理想主义者”，他借助他的阈限化的或者说独立的社会地位，既在艺术场域与贵族场域两者之内又在两者之外，所以能够进行自反性的写作。**他称《情感教育》是一本描述社会地位不同的人物之间社会关系的故事，在作家而言是一种能够揭示自己所处社会中“潜藏的”结构与机制的工具：

94

> 使用异常清晰的笔触，（《情感教育》）还原的不仅是它在其中被创作出来的那个社会化世界的结构，甚至还有由那些社会结构所塑造的精神结构，而这些精神结构又形成了揭露了这些结构的作品的生成法则。（[66]：31-32）

布迪厄在行文中赞扬道，福楼拜用轻松易懂的笔触创作了一本反映严肃社会问题的作品，并认为作品中这种独特的自反性特色并非来自作家的天赋，而是作家的惯习与社会地位交相作用的产物。在文中，布迪厄提出了两个重要论点：第一，他通过论据证明了他关于艺术和艺术家的社会建构观念；第二，他将福楼拜封为了“自反性”艺术家的典范。序言的附录三也收录了一张描述福楼拜当时所在的巴黎的有趣地图，此图最初刊登于《艺术家生活的发明》。这张地图试图表明《情感教育》中主要人物的社会轨迹与他们地理空间的迁徙之间具有某种同质性（图 9）。

比如，该图具体地勾勒出了弗雷德里克·莫罗[①]的社会空间轨迹。莫罗的学生时期是在拉丁区[②]度过的，但随着他在资

① 弗雷德里克·莫罗（Frédéric Moreau），《情感教育》主人公。——译者注

② 巴黎拉丁区（Quartier latin），巴黎市内地区，位于塞纳河左岸，就行政区划而言属于第 5 和第 6 城区，以高等学府密集和文化气息浓厚著称。——译者注

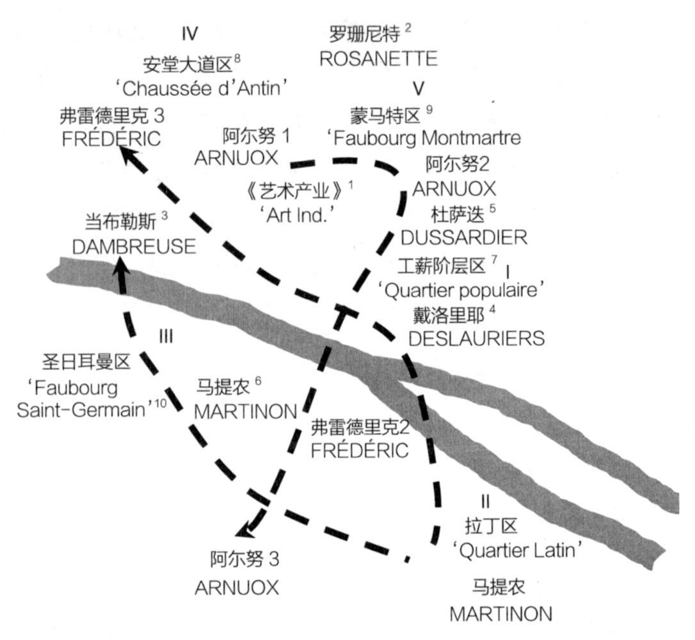

图 9 《情感教育》中的巴黎，据《艺术法则》中的同名示意图（Bourdlieu，1992）绘制。

[1.《情感教育》中雅克·阿尔努经营的杂志社。2.《情感教育》中的人物，交际花。3.《情感教育》中的一对夫妇，丈夫当布勒斯先生为银行家、贵族政治家、金融资本家、政治投机人物。其妻较其远为年轻，与主人公莫罗曾有一段情事。4.《情感教育》中的人物，主人公莫罗的好友及同学，极有野心却又缺乏能力的人物。5.《情感教育》中的人物，商店店员，坚定的共和派人士。6.《情感教育》中人物，法律专业学生，富农之子，靠努力拼搏而最终成为参议员。7.《情感教育》中工薪阶层的聚居区，杜萨迭即出身于该区。8. 位于巴黎第9城区的街区，由安堂大道（Rue de la Chaussée- d'Antin）得名，与著名的巴黎老佛爷百货公司（Galeries Lafayette Haussmann）毗邻。在《情感教育》中为商业区，当布勒斯（见注3）夫妇的家宅即位于此区。9. 位于巴黎第18城区的街区，位于巴黎市郊，由蒙马特（Montmartre）山丘而得名。在《情感教育》中为成功艺术家的聚居区，阿尔努的《艺术产业》杂志社（见注1）即位于该区。10.位于巴黎第7城区的街区，属于巴黎市郊。在《情感教育》中为旧式贵族的聚居区。——译者注]

产阶级世界愈发成功，他的生活也逐渐走向体面的第 4 城区（商业区）①。该图也展现出了雅克·阿尔努②的生活每况愈

① 本章正文中关于所谓城区（arrondisement）的编号，均非今日之巴黎城区编号，而是布迪厄于《艺术法则》一书中在"《情感教育》中的巴黎"一图中做的标注，参见下文及图 9。原文"城区"（arrondisement：特指法国城市的行政区划）一词似为误用。——译者注

② 雅克·阿尔努（Jacques Arnoux），《情感教育》中的人物，是一个出版商兼瓷器生产商、投机商人及花花公子。——译者注

下的轨迹：在小说开始时作为商人定居于第 4 城区，随后在第 5 城区（艺术与成功艺术家的世界）加入波西米亚人团体，最终沦落于拉丁区（学生与潦倒艺术家的世界）（[66]：42）。

95

《艺术法则》的第一部分题为“场域之三种状态”（Three States of the Field）。在这一部分布迪厄历数了已出版著作（[11]，[20]）中探讨过的艺术生产场域的发展史，从 15 世纪依赖于教会与国家政权，到 19 世纪在新兴小资产阶级的支持下逐渐转变获得自主场域，再到通过其内部的象征性商品市场巩固自身的自主性。但是如同戴维·海思莫翰[①]最近指出的那样，令人惊讶的是布迪厄对这一发展史的探讨无法解释 20 世纪晚期文化生产场域的新发展，这被雷蒙德·威廉姆斯[②]称为“职业社团化阶段”（[184]），这种新发展反映出的是“以传媒产业为中心的文化产业的繁荣与扩张”（[142]：219）。海思莫翰特别指出，布迪厄关于象征性商品的自主场域观念既未意识到、也无法解释一系列当代现象，这其中包括限量生产场域中亚场域的大量出现、大量生产场域与限量生产场域的互通以及受雇佣的（相对于独立的）文化生产者的增多（[142]:222）。从当时布迪厄关于艺术（[65]）和电视（[67]）的其他著作来看，他其实注意到了这些变化，因此他对艺术与文学场域的解读看起来之所以过时得令人失望，也许是因为《艺术法则》是对之前研究成果的修订的缘故。

96

在题为“关于艺术品的科学的基础”（Foundations of a

① 戴维·海思莫翰（David Hesmondhalgh），英国当代传播学家，文化学家，现任英国利兹大学（Leeds University）传播、音乐与文化专业教授及该校传播产业研究中心（Media Industries Research Center）主任。——译者注

② 雷蒙德·亨利·威廉姆斯（Raymond Henry Williams，1921-1988 年），威尔士学者、小说家及马克思主义批评家，新左翼运动的领军人物之一。其著作广泛涉及政治、文化、大众传媒及文学，是文化学研究和文化唯物主义的奠基人。——译者注

Science of Works of Art）的第二部分中，**布迪厄定下了研究的方法，即他的“三段分析法”（[14]），并声称唯有采用这种方法，才能理解社会的一般现实和文化场域的特殊情况。**接着，他在第 2 章中以一种文化场域分析模型的形式介绍了其案例研究的发现，这些发现曾刊登在《象征性商品的市场》（[20]）和《文化生产领域：或颠倒的经济世界》（[43]）。那张现在已很有名的图“社会空间与权力场域中的文化生产场域”（The field of cultural production in the field of power and in social space）（图 10）即完整地体现了布迪厄这一概念模

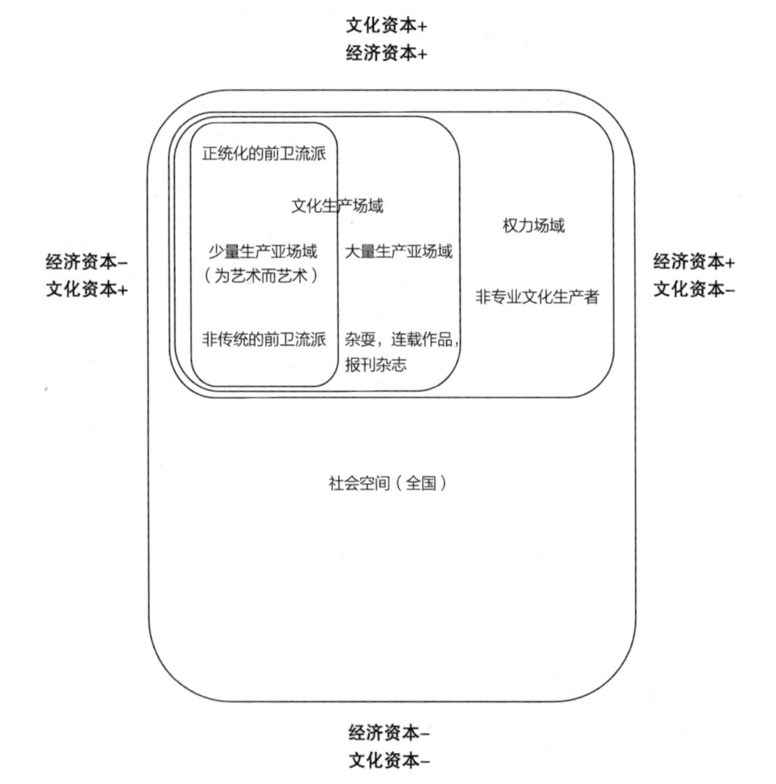

图 10　权力场域与社会空间中的文化生产场域，据《艺术法则》）（Bourdlieu，1992）[63] 中的同名示意图绘制

型（[66]: 124）。首先，最底层代表“社会空间”，坐标轴表示经济资本与文化资本的相对占有量。其次，文化生产场域与权力场域均位于“社会空间”之内，表明文化生产场域是受宰制阶级所宰制的一小块。最后，文化生产场域又被分为两段，分别是小规模的（或“限量”）的生产场域和大量生产场域，而艺术家在其中的相对位置取决于他们的资本。

布迪厄在文中解释道：位于小规模生产场域内的艺术家们具有高度自主权，并进行“为艺术而艺术”或“为生产者而生产”的创作，而且成功的艺术家可以获取短期的高额象征性回报和长期的潜在大量经济利益。相对的，大量生产场域内的艺术家总是被外部市场的迫切需求所束缚，所以会在短期内获得高额的经济收入。然而，大量生产领域中艺术家们的象征性回报很低，这导致长期经济利润也大多很低，因为他们的作品永远不会被正统化（[66]: 142-143）。

一方面，该图的简单明了使其广受关注；但另一方面，这种简单明了也是它招致批评的主要原因，因为该图具有无法克服的缺陷，那就是不能反映场域随时间的变化情况，这一点布迪厄在进行阿尔及利亚研究（[60]: 81）和图解社会空间（[44]: 128-129）时就已经注意到了。于是他在此试图用文字进行弥补，即强调场域的存在不过是能动个体之“各就各位”（或者说立场）的总和，而“各就各位”的情况是永远处于变动中的。另外，这一概念图解也受到了来自另一角度的批评，说它没有反映出场域边界的模糊性（[179]: 132）及能动个体在任意时刻同时位于多个场域的可能性（[121]: 172）。并且，这张图采用了一个源自《区隔》的不甚可靠的方法性假设，即在客观上将物质性的经济资本与隐喻性的文化资本等同起来（[135]: 39-40）。此外，**布迪厄采用的小规模生产场域－大量生产场域的二元对立概念，看上去并没有反映出**

他由结构主义思维向关系型思维的概念转变。因此，总体来说，布迪厄这一令人困惑的文化生产场域图示所引发的问题似乎比其回答的要更多一些。

在第三部分“对理解的理解”（To Understand Understanding）中，布迪厄回到了两个旧主题上：审美倾向的历史建构特性和教育对正统审美倾向获取的限制作用。这两个问题在《艺术认知的社会学理论要素》（[14]）和《艺术之爱：欧洲的艺术博物馆与其观众》（[100]）中早已进行过探讨。布迪厄热切地重申了这样一种观念：文化用品的意义并非体现在其客观形态上，而是随每位观者的认知常变常新。因此，如欲理解某艺术品在创作者及其观者眼中的意义，必须为那些在个体创作和解读的实践活动中充当基础与规范的密码重构模型。有趣的是，在《艺术认知的社会学理论要素》发表约二十四年后，布迪厄终于能够放弃用结构主义语言解释审美认知与实践，代之以一种能够说明实践之隐性特性的程序性语言。他这样写道：

99

> 关于审美知识模式的科学，其基础在于一种实践理论，在此理论中实践意味着这样一种活动：其植根于能够调用某种致知模式的认识行为中，此类致知模式与理论或概念无关……却也不是所谓的对某一已知客体之特性的玄妙分享。（[66]：315）

在第三部分的结尾，**布迪厄指出虽然文化认知似乎是某种无法言喻的“意识”或“感觉”的作用结果，但其事实上却来自对“后天习得的”惯习在潜意识中的解码与论证（[66]：320）**。他宣称，研究者们若想要开始去理解个体的艺术接受与创作，就必须对接受与创作过程所发生的时空的特定历史情境进行深入考察。

论者以为，《艺术法则》这本著作同它之前的《区隔》一样，忽视了流行文化的形式与力量，也没能意识到传媒与文化产业带来的日益深远的影响（[142]: 217-223）。如果要为布迪厄辩解，那么其实本书大部分内容都是根据他在 1963 年和 20 世纪 80 年代中期对 19 世纪文学场域的研究而写成的，当时文化产业还未出现，流行文化也未兴起。另外，在“新”撰写的题为《致普世社团化》（For a Corporate Universal）（[66]: 337-348）的后记中，布迪厄很清醒地谈到了上述这些当代问题。在这篇慷慨激昂的短章中，布迪厄对以文化产业的面目而出现的现代商业进行了痛斥，并声称这损伤了知识分子的自主性，使得他们越来越难以肩负作为不偏不倚的社会道德伦理之批判者的重任。但他并没有像文化理论家们所尝试的那样，将流行文化圈作为发起颠覆、反抗和剧烈变革的阵地，而是将自主知识分子场域，这一他自己所在的场域看作是唯一能够对新自由主义体系及其造成的社会不公进行真正批判的场所。他呼吁知识分子同仇敌忾以捍卫其自主性，从而确保这个作为社会良心的群体能够延续。可以说在《艺术法则》中，只有这篇后记反映出了布迪厄晚年在知识上的信念与风骨。 100

101 第6章

文化实践、自反性与政治活动

在生命的最后十年，布迪厄开始公开参与政治抗议活动，这标志着其实践方法的重大转变。当然，他之前那些旨在揭示被压迫阶级的生存境遇的社会学实践从一开始就是隐含着政治倾向的。在四十余载的学术生涯中，布迪厄的研究探讨了许多形形色色的社会“危机”，包括20世纪50年代殖民者对阿尔及利亚人民的压迫、20世纪60年代法国学生对国家教育政策的反抗、贫民所处的困境、福利国家的衰退以及新自由主义思潮下文化生产自主性的削弱等。尽管其研究方法有所改变——先由人类学，再到社会学，并进而转向政治活动，但布迪厄的大部分作品却始终在尝试揭露那套使世界的不公得以延续的“潜藏的”的强大机制。并且他始终坚信，自己的努力将是进行社会改革的必要前提。

从某种意义上讲，我们可以将布迪厄的职业生涯理解为一段征程。在途中，他始终坚持对一些观念进行完善，而这些观念关注的问题包括文化实践何以不可避免地具有政治性以及文化实践怎样才能促成社会改革，其中对后者的关注是以他本人的实践活动为依据的。从前文可知，占据布迪厄职业生涯大半的活动便是他从自己在社会学场域中的位置出发对其他文化场域的逻辑进行揭露。这些场域包括宗教、教育、文学、艺术、时尚和运动。其研究成果包括对文化场域入木三分的批判性揭露（[31]，[46]，[63]，[74]）、具有普适性且不断更新的实践理论（[25]，[42]，[74]）以及一套新型的社会学研究方法，他称之为“自反性”社会学（[14]，[55]，[63]，[77]）。

102

在布迪厄看来，“自反性”为研究者们开拓了一条大道，使他们能够清晰地体认（或昭示）这一点：他们在审视研究对象时所采取的立场无可避免地决定于自己在当代社会学场域内所处的位置。最初，自反性仅是布迪厄社会学研究的方法准则。但在对居斯塔夫·福楼拜的小说（[54]）、爱德华·马奈[①]的画作（[105]:236-253）以及埃米尔·左拉[②]的政治活动（[66]:341-342）的研究中，他逐渐开始相信，对于任何生产者（作家、艺术家、知识分子等）而言，自反性都是他们摆脱束缚的必要前提，这种束缚是他们所在场域的约定俗成的逻辑不知不觉地加在他们身上的。更进一步地，布迪厄宣称自反性的实践可以“促进斗争，以控制这些影响[③]和产生这些影响的机制”（[179]: 271）。

20 世纪 90 年代，即生命的最后十年中，布迪厄愈发对新自由主义带来的负面影响感到担忧，这些影响包括福利国家的衰退、贫民日益恶化的生活条件、媒体的商业化以及学术与艺术自由的日渐沦丧。因此，利用其身为法兰西学院社会学教授（1982-2001）的优越地位，布迪厄开始踏上政治舞

① 爱德华·马奈（Édouard Manet，1832-1883 年），19 世纪法国著名画家，印象画派的奠基人之一。——译者注

② 埃米尔·爱德华·查尔斯·安东·左拉（Émile Édouard Charles Antoine Zola，1840-1902 年），19 世纪法国著名作家，自然主义文学即法国自由主义政治运动的代表人物之一。——译者注

③ 影响（Effects），这里指由社会（socially based）宰制（domination）对人产生的影响。原文见 Bourdieu，P.，Coleman，J.S.（1989）*Social Theory in a Changing Society*（Boulder，Colorodo：Westview Press）中 385 页皮埃尔·布迪厄所著之《后记：关于世界社会学场域的可能性》（Epilogues：On the Possibility of a Field of World Sociology）。原文为“…it can help us move toward a unified scientific field of world sociology by increasing our awareness of the socially based effects of the domination that exerted in that field and promoting struggles aimed at controlling these effects and the mechanisms that produce them.”——译者注

台。他进行公开的政治演说、谈话以及录制电视节目[①]([150]),以求使上述问题得到广泛关注，并声援进步团体(如工会和同性恋权益游说团体等)。最重要的布迪厄研究者和评论者之一——德里克·罗宾斯认为，在20世纪90年代，布迪厄转换了其个人的社会地位，即从对文化进行客观观察的社会学家变为以自身的文化资本、社会资本和相对的自主地位来谋求明确政治目标的文化名人([168]:xxv)。颇具讽刺意味的是，**在学术生涯的最后阶段，布迪厄用其资本及资本带来的力量对抗的正是产生了这种资本的社会体系**。从许多方面而言，他在这一时期的著述代表了他全部作品中最为通俗易懂的部分，这包括《反击:关于对自由主义侵略的抵抗》(Contre-feux: propos pour servir à la résistance contre l'invasion néolibérale)([71]，[70])、《反击2:为欧洲社会运动而作》(Contre-feus 2: pour un mouvement social européen)([76]，[79])、《论电视》(Sur la télévision)([67]，[72])和《举世之重》(la misère du monde)([90]，[91])。

103

20世纪90年代，尽管布迪厄在新读者身上花费了很多时间，但他对文化工作者的研究仍在继续。早在1989年，他就曾发表过一篇论文，题为《普世社团主义)》([57])。此文概述了他所体认到的学术场域的自主性所面临的外部威胁，包括:政府与经济对艺术界与科学界的侵蚀与渗透，控制电视、广播和出版业并将自身标准强加于生产与消费的官僚主义集团之地位的巩固，以及与此相关的以时事性、可读性和新奇性等新闻业标准取代知识分子对自身的评估能力的倾向。在此基础上，布迪厄细述了他对以上现象之症结的剖析，并号

① 这里指布迪厄录制的电视讲座“新闻场域与电视”(Le champ journalistique et la television)，导演为吉列·路特(Gilles L'hôte)。该节目于1996年在电视上首次播出，后来以录像带的形式发行。——译者注

召文化实践者们用自反性的方法认清自己所处的情境并开展斗争，以求夺回自主性，还要利用自己的自主性对新自由主义进行批判并构筑一套理想的替代品。

在《艺术法则》([66]: 337-348)的结尾，布迪厄明确指出，新自由主义正在侵蚀文化场域的自主性，从而损害了文化实践者们自由地进行批评与发动革新的能力。并且他呼吁文化实践者们同仇敌忾，以夺回其自主性并对新自由主义展开有效的批判。

1994 年出版的《自由交换》(Libre-Échange)([103], [104])是对布迪厄与艺术家汉斯·哈克①在稍早前进行的对谈的记录。在书中，布迪厄略述了依附性与受制性等因素是如何对当代艺术家的信念与原则造成损害的，而造就这些因素的是这样的现实：艺术活动要由政府或商界来资助，作品之传播则要由媒体来审查。布迪厄指出，当代艺术家从自身利益出发，无论是与商业化艺术生产场域串通一气，还是虚伪地宣称是在追求更高的理想，均是在拒绝承认他们已与潮流同流合污，而这种同流合污正日渐侵蚀着得来不易的自主性。然而，同样是在本书中，布迪厄引用了另一作者——德国艺术家汉斯·哈克作于 1990 年的那件颇具争议的作品：在柏林将梅赛德斯·奔驰的商标置于一座瞭望塔的顶端②([104]:94)。布迪厄以该作品为例，说明了艺术家们如何能够自反地认清

104

① 汉斯·哈克(Hans Haacke，1936 年 -)，美籍德裔艺术家、学者，1967-2002 年间任纽约库伯高等科学艺术联盟学院(The Cooper Union for the Advancement of Science and Art，简称库伯联盟学院 Cooper Union)教授。——译者注

② 死亡之塔(Death Tower)，为汉斯·哈克 1990 年在柏林墙倒塌之后创作的临时性装置艺术作品，即将梅赛德斯·奔驰(Mercedez Benz，著名德国汽车制造品牌)的商标置于柏林墙东侧一座废弃的瞭望塔上，该瞭望塔在柏林墙倒塌之前曾被东德军方用作监视并狙杀逃亡者的制高点。该作品旨在隐喻商业化对自由的损害不逊于政治专制。——译者注

自己所处的情境，从而获得自由以创作具有强烈政治色彩的作品。

出于对德雷福斯事件[①]中埃米尔·左拉的行动的理解（[66]: 342），布迪厄对“政治艺术家”和“艺术家政客”分别持有坚决的支持与批判态度。成为批判对象的还有那些参与了电视节目制作的作家与新闻人（[70]: 70-77，[72]，[89]: 321-323，333-339），布迪厄对他们与媒体业的商业化与保守性同流合污的行为进行了抨击，并号召他们采取自反性的姿态。

在《反击：关于对自由主义侵略的抵抗》（[71]）中，**布迪厄力主文化工作者将抵抗新自由主义之弊作为自己的使命。**他这样写道：“艺术家、作家和研究人员（包括社会学家）有能力也有义务与这种全球化大生产中所蕴含的、对文化和民主的最恶毒的威胁进行抗争。”（[70]: 77）他还呼吁文化工作者更直接地介入政治舞台：

105

> 我希望作家、艺术家、哲学家和科学家们能在力所能及的范围内，尽可能从公共生活的各个领域发出声音。我认为智识生活的逻辑——立论与驳斥——若能够延伸至公共生活，则将使每个人都充分获益。（[70]: 9）

布迪厄对知识分子的振臂而呼并非仅限于要求他们动员

① 德雷福斯事件（L'affaire Dreyfus），著名的法国政治、军事及司法丑闻，开始于 1984 年，1906 年结束。该事件围绕对阿尔萨斯－犹太裔法国炮兵军官阿尔弗雷德·德雷福斯（Alfred Dreyfus）叛国罪的起诉及不公正审判展开。而德雷福斯在经过十年莫须有的牢狱之灾后，最终于 1906 年宣告平反，被无罪释放，而该事件通常被视为现代司法不公的标志之一。埃米尔·左拉于 1898 年 1 月发表措辞严厉的、名为《我控诉（J'accuse）》的公开信，使得军事法庭对德雷福斯的构陷进入公共视野，从而引发全国性舆论批判，并最终推动了该事件的公正解决。——译者注

起来抵抗新自由主义。1997 年，在布洛赫奖[①]的获奖感言中，他主张知识分子有责任去追求一种“合乎逻辑的乌托邦理想”，这是恩斯特·布洛赫“深思熟虑的乌托邦”观念的一种外推形式，只有这样才可能动摇这个时代的主流意识形态——他将之定义为“银行家的宿命论”（[69]: 128）。在感言中他还倡导“知识分子及其他任何真正关心人性之善的人们，都应努力重新确立一种具有科学依据的乌托邦理想”（[69]: 128）。

尽管在提出关于科学与实践的相对主义模型时，这一模型从很多方面而言都具有后现代主义的意味，布迪厄对现代主义的客观真理观念持拒绝的态度。但是，对于理性地探寻普世公认的人文准则，他始终抱有坚定的信念。他担心抛弃现代主义价值观会导致重回保守主义的老路，从而任由商业主义为所欲为。他认为需要在国际范围内采取共同行动，来抵制席卷全球的新自由主义。2000 年 6 月，在博堡中心[②]举办的一次旨在纪念米歇尔·福柯的座谈会中，布迪厄坚称全体知识分子“必须设法组织集体协作行动来创造现实乌托邦并开发象征性活动的新形式”（[89]: 387）。以此为目标，为使

① 布洛赫奖（Bloch Prize），即恩斯特·布洛赫奖（Ernst-Bloch-Preis），每三年一次由德国恩斯特·布洛赫中心（Ernst-Bloch-Zentrum）与路德维希港市（Ludwigshafen am Rhein）市政府共同颁发，旨在奖励杰出的科学家与文学家。皮埃尔·布迪厄于 1997 年获科学家奖（社会学）。该奖设立于 1985 年，即德国哲学家恩斯特·布洛赫（Ernst Bloch，1885-1977 年）诞生一百周年，其人为德国著名马克思主义哲学家。——译者注

② 博堡中心（Centre Beaubourg），即乔治·蓬皮杜中心（Centre Georges Pompidou），全称乔治·蓬皮杜国家艺术文化中心（Centre national d'art et de culture Georges-Pompidou），为位于法国巴黎第四城区（4th Arrondissement）博堡区（Beaubourg）的一处综合性建筑群，该建筑群由法国总统乔治·蓬皮杜（Georges Pompidou）于在任期间（1969-1974 年）下令建造，故得名，后于 1977 年向公众开放。该建筑群中有许多标志性文化建筑，如公共信息图书馆（Bibliothèque publique d'information）、国立现代艺术博物馆（Musée National d'Art Moderne）和声学及音乐协作研究院（Institut de Recherche et Coordination Acoustique/Musique）等。——译者注

文化工作者们集结起来，他发表了大量的论文和专著并创办了国际性的出版社和一些组织，其中包括他自己的期刊《自由》(Libre)(1989-1998)，一本刊载关于欧洲出版物书评的刊物，还有出版社“行动理性”(Raisons d’agir)，而这些为艺术家和科学家们的争论提供了免受政治与商业因素影响的自主空间。他同样孜孜不倦地在志同道合的人们之间穿针引线，包括行业工会、同性恋权利运动团体、无家可归人群权利运动团体和反种族主义协会等。在此过程中他借助的力量主要来自正式组织，如国际作家议会(1993年成立)[①]，高等教育及研究反思协会[②]和欧洲社会运动三级议会等[③]。这些如今依然在活动的组织代表了布迪厄“知识分子集团”观念的现实形态，尽管他“合乎逻辑的乌托邦理想”这一观念的定义在今天仍不明确。**由皮埃尔·卡勒[④]指导的影片《社会学是门武术》(Sociologie est un sport combat)([123]，[124])从1998到2001的三年间跟踪拍摄了布迪厄的各种活动，包括参加示威活动、给学生上课或者与同事探讨问题，展现了他的谦和、热情以及为抵抗新自由主义而付出的精力**。不幸的是，布

106

① 国际作家议会(International Parliament of Writers)，为国际性民间组织，于1993年6月由来自全球各国的300余位作家缔约成立。该协会为应对当时阿尔及利亚日益猖獗的针对作家的暗杀活动而创立，旨在为全世界受迫害的作家提供组织与以城市为单元的庇护网络。今日已有欧洲、美洲与非洲的25个城市加入到这一网络中来。——译者注

② 高等教育及研究反思协会(Association de réflexion sur les enseignements supérieurs et la recherché，Areser)，于1992年3月由包括布迪厄在内的百余位学者共同创立，布迪厄任首任会长直至2012年去世，第三任及现任会长为法国史学家、国立里昂第三大学(Université Jean Moulin Lyon 3)历史系教授克里斯托弗·夏尔(Christophe Charle)。协会旨在跨越不同学科间的差异，而追求学术和科学研究的自主性，以及知识传授与获取的民主化。——译者注

③ 欧洲社会运动三级会议(Etats généraux du mouvement social européen)，由布迪厄于1996年发起的会议型组织，最初其范围仅在法国国内，而后扩展到全欧洲。——译者注

④ 皮埃尔·卡勒(Pierre Carles)，法国导演、作家。——译者注

迪厄于 2002 年因癌症去世，他未完的事业只能由后人继承了。

在《皮埃尔·布迪厄：自我简析》（Pierre Bourdieu：Esquisse pour une auto-analyse）（[83]，[87]）这本被他本人坚决认为“不是自传”的著作结尾处，布迪厄表明，之所以撰写这样一部作品，是为了帮助读者了解“我的作品成型的历史情境”（[87]：112）。正如布迪厄希望用他的自反性方法解读文化工作者如福楼拜、马奈和左拉的行为那样，他也希望读者能够用同样的方法来考察他的作品，因此才可能：

> 从我的经验、难处、疑问与痛苦中体认他们自己的经验、难处、疑问与痛苦，并从这种对现实的体认中学习某种方法，这可以说同广为接受的投射过程恰恰相反，从而让事业和生活都能稍有改善。（[87]：113）

如今，建筑师对自己使命的定位日渐狭隘，即仅为那些新自由主义的受益者的平庸需求服务（也许可以将迪拜看作这种现象的一个绝佳案例）。而布迪厄则号召文化工作者们行动起来为更好的世界而战，这在建筑师的眼中，既事关重大也刻不容缓。归根结底，本书旨在启发建筑师们响应皮埃尔·布迪厄的号召去“自反地”体认自己在社会中所处的位置，从而能够为“合乎逻辑的乌托邦理想”的规划与实现，尽一份应尽的力量。

延伸阅读

近年来兴起的布迪厄研究大体是站在各学科的角度（包括人类学、社会学、艺术史学、文化研究、地理学和哲学）对其作品进行审视。德里克·罗宾斯研究布迪厄的著作（[164], [165], [166], [167]），尤其是《皮埃尔·布迪厄的作品：体认社会》（The Work of Pierre Bourdieu: Recognising Society）（[164]）和《布迪厄与文化》（Bourdieu and Culture）（[165]）两书，对布迪厄的著述提供了通俗易懂的综述。布丽姬·福勒[①]在"布迪厄与文化"一题上也有较多论述（[131], [132], [133]）。此外，还有几项有趣的、对布迪厄的物质文化研究成果进行应用与延伸的社会学研究，包括迈克尔·格伦费尔和雪莉·哈迪[②]对艺术、博物馆和摄影的研究《艺术法则：皮埃尔·布迪厄与视觉艺术》（Art Rules: Pierre Bourdieu and the Visual Arts）（[140]）、托尼·本内特、迈克尔·埃米森和约翰·弗劳对澳大利亚人品味的研究《解释品味：日常文化之审美》（Accounting for Taste: Aesthetics of Everyday Cultures）（[120]）以及和托尼·本内特等人对英国人品味的研究《文化、阶级与区隔》（Culture, Class, Distinction）（[121]）。而将布迪厄的思想与建筑领域联系起来的著作，则有加里·史蒂文斯[③]的建筑教育学著作

① 布丽姬·福勒（Bridget Fowler），英国当代社会人类学家、应用社会科学家，现为苏格兰格拉斯哥大学（University of Glasgow）社会学系教授。——译者注

② 雪莉·哈迪（Cheryl Hardy），英国当代独立学者。——译者注

③ 加里·史蒂文斯（Garry Stevens，此处原作者拼为 Gary，为误），澳大利亚当代建筑师，目前供职于 IT 行业，主要从事计算机辅助设计（CAD）的应用与研发。——译者注

《得宠一派：建筑区隔的社会根基》（The Favored Circle：The Social Foundation of Architectural Distinction）（[178]）、让·希利尔[①]与艾里克·卢克斯比[②]编撰的关于场所与意义的论文集《惯习：场所感》（Habitus：A Sense of Place）（[143]）、米歇尔．德·塞杜[③]关于能动性与城市的重要著作《日常生活的实践》（The Practice of Everyday Life）（[125]），以及海伦·利普斯塔特依据布迪厄的著作对职业建筑师进行探讨的文章（[151]，[152]，[153]，[154]）。

《超级布迪厄世界一览》（Hyper Bourdieu World Catalogue）（[186]）上录有布迪厄全部著作与媒体资料的完整列表。

最后，正如本书已明言的，布迪厄的法文原版著作是进一步研究的基础和必备资料，因为英译者常常会省略原版中大量的文字与实证调查数据。此外，原版生动的行文能够有力地反映出著作出版的时代的状况，从而帮助读者了解这些作品是如何与其社会历史语境紧密联系在一起的。

① 让·希利尔（Jean Hillier），英国建筑学家，现任澳大利亚墨尔本皇家理工学院（Royal Melbourne Institute of Technology）建筑与城市规划学院教授。——译者注

② 艾里克·卢克斯比（Eric Rookesby），此处为原作者误注亦误拼，译文姑从之。实应为艾玛·卢克斯比（Emma Rooksby），澳大利亚年轻学者、哲学博士，现于澳大利亚默多克大学（Murdoch University）人文学院任教。——译者注

③ 米歇尔·德·塞杜（Michel de Certeau，1925-1986年），法国学者、耶稣会修士。其研究领域较为广泛，涉及历史学、精神分析、哲学和社会科学等。

参考文献

了解布迪厄作品的编年状况对理解其思想的发展轨迹非常重要，因此本书的参考文献同时列出这些著作法文版（用方括号标示）和英文版（用圆括号标示）的详细出版信息。

译者按：由于原文对参考文献采用哈佛大学式（作者+时间）标注法，不符合中文学术论文的文献标注惯例，在译文中完全照搬或将有损于正文的流畅度，从而影响阅读体验。且本参考文献皆为外文原著，贸然将其翻译为中文反而不利于读者进行查考。故基于上述理由，对翻译方法略加说明如下：

1. 不改变参考文献列表的原顺序，但为每种参考文献增加序号（【数字】），且在正文中以章节尾注的模式进行标注，不仅使行文更加整洁，亦更加便于查考，且不删减原文的标注信息。

2. 仅对在正文中出现的文献名称进行随文翻译，而本列表仍以原文呈现。

3. 仅参考文献列表而未在正文中出现过的作者姓名，一律不作注释。

布迪厄著作

— [1] Bourdieu, P. [1958] (1962b) *Sociologie de l'Algérie,* Paris: Presses universitaires de France.

— [2] [1959a] 'Logique interne de la civilization algérienne traditionnelle', in *Le-sous-développement en Algérie,* Algiers: Secrétariat social, pp. 40-51.

— [3] [1959b] 'Le choc des civilisations', in in *Le-sous-développement en Algérie,* Algiers: Secrétariat social, pp. 52-64.

— [4] [1960a] *Deux essais sur la société kabyle: Le sentiment de l'honneur dans la société Kabyle; La maison kabyle ou le monde renversé,* Paris: Publication ronéotypée.

— [5] [1960b] 'Guerre et mutation sociale en Algérie', *Études méditerrané* ennes 7, 25-37.

— [6] [1962a] 'Célibat et condition paysanne', *Études rurales* 5-6, 32-136.

— [7] (1962b) [1958] *The Algerians,* translated by A. C. M. Ross, Boston, MA: Beacon Press

— [8] (1963) 'The Attitude of the Algerian Peasant towards Time', in J. Pitt-Rivers (ed.) *Mediterranean Countrymen,* Paris: Mouton, pp. 55-72.

— [9] (1965) [1960a] [1971a: 13-43] 'The Sentiment of Honour in Kabyle Society', in J. G. Peristiany (ed.) *Honour and Shame: The Values of Mediterranean Society,* London: Weidenfeld and Nicholson, pp. 191-241.

— [10] [1966a] (1969) (1971a) 'Champ intellectuel et projet créateur', *Les temps modernes* 22, 865-906.

— [11] [1966b] 'Condition de classe et position de classe', *Archives européennes de sociologie* 7.2, 201-23.

— [12] [1967] (2005b) 'Postface', in E. Panofsky, *Architecture gothique et pensée scolastique,* translated by P. Bourdieu, Paris: Éditions de Minuit, pp. 133-67.

— [13] (1968a) [1968b] (Bourdieu and Johnson, 1993: 215-37) 'Outline of a Sociological Theory of Art Perception', *International Social Science Journal* 2.4, 589-612.

— [14] [1968b] (1968a) (Bourdieu and Johnson, 1993: 215-37) 'Éléments d'une théorie sociologique de la perception artistique', *Revue internationale des sciences sociales* 20.4, 640-64.

— [15] (1969) (1971a) [1966a] 'Intellectual Field and Creative Project', *Social Science Information* 8.2, 89-119.

— [16] (1970a) [1970b] 'The Berber House or the World Reversed', *Social Science Information* 8.2, 89-119.

— [17] [1970b] (1970a) 'La maison Kabyle ou le monde renversé', in J. Pouillon and P. Maranda (eds) *Échanges et communications: Mélanges offerts à Claude Lévi-Strauss à l'occasion de son 60éme anniversaire,* Paris, The Hague: Mouton, pp. 739-58.

— [18] (1971a) [1966a] (1969) 'Intellectural Field and Creative Project', in M. F. D. Young (ed.) *Knowledge and Control: New Directions in the Sociology of Education,* London: Collier-Macmillan, pp. 161-88.

— [19] [1971b] 'Champ du pouvoir, champ intellectual et *habitus* de classe', *Scolies: Cahiers de recherches de l'École normale sup*érieure 1, 7-26.

— [20] [1971c] (1985a) 'Le marché des biens symboliques', *L'année sociologique* 22, 49-126.

— [21] [1971d] (1994) 'Disposition esthétique et compétence artistique', *Les temps modernes* 27, 1345-78.

— [22] [1971e] (1987c) 'Une interprétation de la théorie de la religion selon Max Weber', *Archives europ*éenes *de sociologie* 12.1, 3-21.

— [23] [1971f] (1991a) 'Genése et structure du champ

religieux', *Revue française de sociologie* 12.3, 295-334.

— [24] [1971g] (1973b) 'Reproduction culturelle et reproduction sociale', *Information sur les sciences sociales* 10.2, 45-79.

— [25] [1972a] (1977a) *Esquisse d'une théorie de la pratique*: Précédé de trois études d'ethnologie kabyle, Geneva and Paris: Librairie Droz.

— [26] [1972b] 'Les doxosophes', *Minuit* 1, November, 26-45.

— [27] (1973a) 'The Berber House', in M. Douglas (ed.) *Rules and Meanings,* Harmondsorth: Penguin, pp. 98-110.

— [28] (1973b) [1971g] 'Cultural Reproduction and Social Reproduction', in R. Brown (ed.) *Knowledge, Education and Cultural Change,* London : Tavistock, pp. 71-112.

— [29] [1974a] 'Les fractions de la classe dominante et les modes d'appropriation des æuvres d'art', *Information sur les sciences sociales* 13.3, 7-31.

— [30] [1974b] [1980b : 196-296] (1993 : 132-8) 'Haute couture et haute culture', *Noroit* 192. 1-2, 7-17.

— [31] [1975a] (1987d) 'L'invention de la vie d'artiste', *Actes de la recherche en sciences sociales* 1.2, 67-93.

— [32] [1975b] 'Méthode scientifique et hiérarchie sociale des objets', *Actes de la recherche en sciences sociales* 1.1, 4-6.

— [33] [1976] (1984a : 546-59) 'Un jeu chinois : notes pour une critique sociale du jugement', *Actes de la recherche en sciences sociales* 4.10, 91-101.

— [34] (1977a) [1972a] *Outline of a Theory of Practice,* translated by R. Nice, Cambridge, UK: Cambridge University Press.

— [35] (1977b) (1979a) *Algérie soixante: Structures* économiques et structures temporelles, Paris: Éditions de Minuit.

— [36] [1977c] (1980a) La production de a croyance. Contribution à une économie des biens symboliques', *Actes de la recherche en science sociales* 3, 3-43.

— [37](1978) 'Sport and Social Class', *Social Science Information* 17.6, 810-40.

— [38] (1979a) [1977b] *Algeria 1960: Essays by Pierre Bourdieu*, translated by R. Nice, Cambridge, UK: Cambridge University Press.

— [39] [1979b] (1984a) *La distinction: critique sociale du jugement,* Paris: Éditions de Minuit.

— [40] (1980a) [1977c] (Bourdieu and Johnsons, 1993: 74-111) 'The Production of Belief: Contribution to an Economy of Symbolic Goods', translated by R. Nice, *Media, Culture and Society* 2.3, 261-93.

— [41] [1980b] (1993) *Questions de sociologie,* Paris: Éditions de Minuit.

— [42] [1980c] (1990c) *Le sens pratique,* Paris: Éditions de Minuit.

— [43] (1983) (Bourdieu and Johnson, 1993: 29-73) 'The Field of Cultural Production, or: The Economic World Reversed', *Poetics* 12.4-5, 331-56.

— [44] (1984a) [1979b] *Distinction: A Social Critique of the Jugement of Taste,* translated by R. Nice, Oxford: Polity Press.

— [45] [1984b] (1985c) 'La délegation et le fétichisme politique', *Actes de la recherche en sciences sociales* 52-3, June, 49-55.

— [46] [1984c] (1990b) *Homo academicus,* Paris: Éditions de Minuit.

— [47] (1985a) [1971c] 'The Market of Symbolic Goods', *Poetics: Journal of Empirical Research on Literature, the Media and the Arts* 14.1-22, 13-44.

— [48] (1985b) 'The Genesis of the Concept of *Habitus* and of Field', *Sociocriticism* 2.2, 11-24.

— [49] (1985c) [1984b] 'Delegation and Political Fetishism', *Thesis Eleven* 10/11, 56-70.

— [50] (1986) 'The Struggle for Symoblic Order' (a discussion between P. Bourdieu, A. Honneth, H. Kocyba and P. B. Schwibs), *Theory, Culture and Society* 3.3, 37-51.

— [51] (1987a) (Bourdieu and Johnson, 1993) 'The Historical Genesis of a Pure Aesthetic', *Journal of Aesthetics and Art Criticism* 46, special issue, 201-10.

— [52] [1987b] (Bourdieu and Johnson, 1993: 238-53) 'L'institutionnalisation de l'anomie', *Cahiers du Musée national d'art moderne* 19-20, June, 6-19.

— [53] (1987c) [1971e] 'Legitimation and Structured Interests in Weber's Sociology of Religion', in S. Whimster and S. Lash (eds) *Max Weber: Rationality and Modernity,* London: Allen and Unwin, pp. 119-36.

— [54] (1987d) [1975a] 'The Invention of the Artist's Life', *Yale French Studies* 73, 75-103.

— [55] [1987e] (1990a) *Choses dites,* Paris: Éditions de Minuit.

— [56] (1988) (Bourdieu and Johnson, 1993: 192-211) 'Flaubert's Point of View', translated by P. Parkhurst Ferguson, *Critical Enquiry* 14.3, 539-62.

— [57] (1989) 'The Corporatism of the Universal: The Role of Intellectuals in the Modern World', *Telos* 81, Fall, 99-110.

— [58] (1990a) [1987e] *In Other Words: Essays towards a Reflexive Sociology,* translated by M. Adamson, Standford, CA: Stanford University Press.

— [59] (1990b) [1984c] *Homo Academicus*, translated by P. Collier, Cambridge, UK: Polity Press.

— [60] (1990c) [1980c] *The Logic of Practice,* translated by R. Nice, Oxford: Polity Press.

— [61] (1991a) [1971f] 'Genesis and Structure of the Religious Field', *Comparative Social Research* 13, 1-44.

— [62] (1991b) 'Social Space and Symbolic Space: Introduction to a Japanese Reading of Distinction', *Poetics Today* 12.4, 627-38.

— [63] [1992] (1996a) *Les régles de 'art: Genése et structure du champ littéraire,* Paris: Éditions du Seuil.

— [64] (1993) [1980b] *Sociology in Question,* translated by R. Nice, London: Sage.

— [65] (1994) 'The Link between Literary and Artistic Struggles', in P. Collier and R. Lethbridge (eds) *Artistic Relations: Literature and the Visual Arts in Nineteenth-Century France,* New Haven: Yale University Press, pp. 30-9.

— [66] (1996a) [1992] *The Rules of Art: Genesis and Structure of the Literary Field,* translated by S. Emanuel, Oxford: Polity Press.

— [67] [1996b] (1998d) *Sur la télévision*, Paris: Éditions Liber.

— [68] [1997] (1999) *Méditations pascaliennes: Éléments pour une philosophie négative,* Paris: Éditions du Seuil.

— [69] (1998a) 'A Reasoned Utopia and Economic Fatalism', translated by J. Howe, *New Left Review* 227, January-February, 125-30.

— [70] (1998b) [1998c] *Acts of Resistance: Against the New Myths of Our Time,* translated by R. Nice, Oxford, Polity Press.

— [71] [1998c] (1998b) *Contre-feux: Propos pour servir à la résistance contre l'invasion néo-libérale,* Paris: Éditions Liber.

— [72] (1998d) [1996b] *On Television,* translated by P. Parkhurst Ferguson, New York: The New Press.

— [73] (1999) [1997] *Pascalian Meditations,* translated by R. Nice, Stanford, CA: Stanford University Press.

— [74] [2000a] (2005a) *Les structures sociales de l' économie,* Paris: Collection Liber, Éditions du Seuil.

— [75] (2000b) 'The Berber House – A World Reversed', in J. Thomas (ed.) *Interpretive Archaeology: A Reader,* London and New York: Leicester University Press, pp. 493-509.

— [76] [2001a] (2003a) *Contre-feux 2: Pour un mouvement social européen,* Paris: Éditions Raisons d'agir.

— [77] [2001b] (2004a) *Science de la science et réflexivité,* Paris: Éditions Raisons d'agir.

— [78] [2002] (2008) *Interventions politiques (1996-2001): Textes et contextes d'un mode d'intervention politique spécifique,* Marseille: Éditions Agone ; Montreal: Comeau and Nadeau.

— [79] (2003a) [2001a] *Firing Back: Against the Tyranny of the Market 2,* translated by L. Wacquant, New York, London: The New Press.

— [80] [2003b] 'In Algier und Bilda', in F. Schultheis and C. Frisinghelli (eds) *Images d'Algérie: Une affinité élective,* Graz: Edition Camera Austria, pp. 191-216.

— [81] (2003c) 'The Berber House', in S. M. Low and D. Lawrence-Zúñiga (eds), *The Anthropology of Place and*

Space, Oxford: Blackwell Publishing, pp. 131-41.

— [82] (2004a) [2001b] *Science of Science and Reflexivity,* translated by R. Nice, London: Polity Press.

— [83] [2004b] (2007a) *Pierre Bourdieu: Esquisse pour une auto-analyse,* Paris: Éditions Raisons d'agir..

— [84] (2004c) 'Algerian Landing', translated by L. Wacquant and R. Nice, *Ethnography* 5.4, 415-43.

— [85] (2005a) [2000a] *The Social Structures of the Economy,* translated by C. Turner, Cambridge, UK: Polity Press.

— [86] (2005b) [1967] 'Postface to Erwin Panofsky, *Gothic Architecture and Scholasticism',* translated by L. Petit, in B. Holsinger, *The Premodern Condition,* London and Chicago: Univeristy of Chicago Press, pp. 221-42.

— [87] (2007a) [2004b] *Pierre Bourdieu: Sketch for a Self-Analysis,* translated by R. Nice, Cambridge, UK: Polity Press.

— [88] (2007b) 'Pictures from Algeria', translated by R. Watts, *Sociology,* March, pp. 22-27.

— [89] (2008) [2002] *Political Interventions: Social Science and Political Action,* translated by D. Fernbach, London: Verso.

— [90] Bourdieu, P. And A. Accardo (eds) [1993] (1999) *La misére du monde,* Paris: Éditions du Seuil.

— [91] (eds) (1999) [1993] *The Weight of the World: Social Suffering in Contemporary Society,* translated by P. Parkhurst Ferguson, S. Emanuel, J. Johnson and T. Waryn, Cambridge, UK: Polity Press.

— [92] Bourdieu, P., L. Boltanski, R. Castel, J.–C. Chamboredon, G. Lagneau and D. Schnapper [1965] (1989) *Un art moyen, essai sur les usages sociaux de la photographie,* Paris: Éditions de Minuit.

— [93] (1989) [1965] *Photography: A Middle-brow Art,* translated by S. Whiteside, Cambridge, UK: Polity Press.

— [94] Bourdieu, P. And M. –C. Bourdieu [1965] (2004) 'Le paysan et la photographie', *Revue française de sociologie* 6.2, 164-74.

— [95] (2004) [1965] 'The Peasant and Photography', translated by R. Nice, *Ethnography* 5.4, 601-16.

— [96] Bourdieu, P., J.–C. Chamboredon and J.-C. Passeron [1968] (1991) *Le métier de sociologue: Préalables épistémlogiques,* Paris: Mouton and Bordas.

— [97] (1991) [1968] *The Craft of Sociology: Epistemological Preliminaries,* translated by R. Nice, New York and Berlin: de Gruyter.

— [98] Bourdieu, P., R. Christin, S. Bouhedia, C. Givry and M. de Saint-Martin [1990] 'L' économie de la maison', *Actes de la recherche en sciences sociales* 81-2, March, 2-96.

— [99] Bourdieu, P., A. Darbel, J. –P. Rivet and C. Seibel [1963] Travail et travailleurs en Algérie, Paris: Édition de Minuit.

— [100] Bourdieu, P., A. Darbel and D. Schnapper [1966] (1990) *L'amour de l'art: Les musées d'art européens et leur public,* Paris: Éditions de Minuit.

— [101] (1990) [1966] *The Love of Art: European Art Museums and Their Public,* translated by C. Beatie and N. Merriman, Cambridge, UK: Polity Press.

— [102] Bourdieu, P. And Y. Desault [1975] 'Le couturier et sa griffe: contribution à une théorie de la magie', *Actes de la recherche en sciences sociales* 1.1, 7-36.

— [103] Bourdieu, P., H. Haacke and V. von Inés Champey [1994] (1995) *Libre-Échange,* Paris: Éditions du Seuil.

— [104] (1995) [1994] *Free Exchange,* translated by R. Johnson, Cambridge, UK: Polity Press in association with Blackwell Publishing.

— [105] Bourdieu, P. And R. Johnson (ed.) (1993) *The Field of Cultural Production: Essays on Art and Literature,* translated by R. Nice, R. Swyer, C. Du Verlie, P. Parkhurst and J. Parnell, Oxford: Polity Press.

— [106] Bourdieu, P. and M. Mammeri [1978] (2004) 'Dialogue sur la poésie orale en Kabylie', *Actes de la recherche en sciences sociales* 23, 51-66.

— [107] (2004) [1978] 'Dialogue on Oral Poetry', *Ethnography* 5.4, 511-51.

— [108] Bourdieu, P. and J. –C. Passeron [1964] (1979) *Les héritiers: Les étudiants et la culture,* Paris: Édiions de Minuit.

— [109] (1970) [1977] *La reproduction: éléments pour une théorie du système d'enseignement,* Paris: Édiions de Minuit

— [110] (1977) [1970] *Reproduction in Education, Society and Culture,* translated by R. Nice, London: Sage.

— [111] (1979) [1964] *The Inheritors: French Students and their Relations to Culture,* translated by R. Nice, Chicago: University of Chicago Press.

— [112] Bourdieu, P. and M. de Saint-Martin [1976] 'Anatomie du goût', *Actes de la recherche en sciences sociales* 2.5, 5-81.

— [113] Bourdieu, P. and A. Sayad [1964] *Le déracinement: La crise de l'agriculture traditionnelle en Algérie,* Paris: Éditions de Minuit.

— [114] Bourdieu, P. and L. J. D. Wacquant (1992a) [1992b] *An Invitation to Reflexive Sociology,* Chicago: University of Chicago Press.

— [115] [1992b] (1992a) *Réponses: Pour une anthropologie réflexive,* Paris: Éditions du Seuil.

其他作者的文献与数字媒体资料

— [116] Bachelard, G. (1994) *The Poetics of Space,* Boston, MA: Beacon Press.

— [117] (2006) *The Formation of the Scientific Mind,* Manchester: Clineman Press.

— [118] Barthes, R. (1990) *The Fashion System,* translated by M. Ward and R. Howard, Berkeley, CA: University of California Press.

— [119] Becker, H. (1982) *Art Words,* Berkeley, CA: University of California Press.

— [120] Bennett, T., M. Emmison and J. Frow (1999) *Accounting for Taste: Aesthetics of Everyday Cultures,* Cambridge, UK: Cambridge University Press.

— [121] Bennett, T., M. Savage, E. Silva, A. Warde, M. Gayo-Cal and D. Wright (2009) *Culture, Class, Distinction,* London and New York: Routledge.

— [122] Bocock, R. (1995) *Consumption,* London: Routledge.

— [123] Carles, P. (director), A. Gonzalez and V. Frégosi (producers) [2001] (2002) *Sociologie est un sport combat* [DVD], Paris: Icarus Films.

— [124] (2002) [2001] *Sociology Is a Martial Art* [DVD], Paris:

Icarus Films.

— [125] Certeau, M. de (1984) *The Practice of Everyday Life,* translated by S. Rendell, Berkeley, CA: University of California Press.

— [126] Davis, M. (1996) *Planet of Slums,* London: Verso.

— [127] Engels, F. (2009) *The Condition of the Working Class in England.* Harmondsworth: Penguin.

— [128] Fiske, J. (1991) *Understanding Popular Culture,* London: Routledge.

— [129] Foucault, M. (1991) *Discipline and Punish: The Birth of the Prison,* translated by A. Sheridan, Harmondsworth: Penguin.

— [130] (2003) *The Birth of the Clinic,* 3rd edn, translated by A. Sheridan, London: Routledge.

— [131] Fowler, B. (1994) 'The Hegemonic Work of Art in the Age of Electronic Reproduction: An Assessment of Pierre Bourdieu', *Theory, Culture & Society,* 11.1, 129-54.

— [132] (1997) *Pierre Bourdieu and Cultural Theory: Critical Investigations,* London, Newbury Par,k, CA and New Delhi: Sage.

— [133] (1999) 'Pierre Bourdieu's Sociological Theory of Culture', *Variant* 8, Summer, 1-4.

— [134] Frow, J. (1987) 'Accounting for Tastes: Some Problems in Bourdieu's Sociology of Culture', *Cultural Studies* 1.1, 59-73.

— [135] (1995) *Cultural Studies and Cultural Value,* Oxford: Clarendon Press.

— [136] Garnham, N. And R. Williams (1980) 'Pierre Bourdieu and the Sociology of Culture: An Introduction', *Media, Culture & Society* 2, 209-23.

— [137] Goodman, J. E. (2003) 'The Proverbial Bourdieu: Habitus and the Politics of Representation in the Ethnography of the Kabylia', *American Anthropologist* 105.4, 782-93.

— [138] Goodman, J. E. And P. A. Silverstein (eds) (2009) *Bourdieu in Algeria: Colonial Politics, Ethongraphic Practices, Theoretical Developments,* Lincoln: New York: Continuum.

— [139]Grenfell, M. (2004) *Pierre Bourdieu: Agent Provocateur,* London, New York: Continum.

— [140] Grenfell, M. and C. Hardy (2007) *Art Rules: Pierre Bourdieu and the Visual Arts,* Ovford: Berg.

— [141] Hanks, W. F. (2005) 'Pierre Bourdieu and the Practices of Language', *Annual Review of Anthropology* 34, October, 67-83.

— [142] Hesmondhalgh, D. (2006) 'Bourdieu, the Media and Cultural Production', *Media, Culture & Society* 28.2, 211-31.

— [143] Hillier, J. and E. Rookesby (eds) (2005) *Habitus: A Sense of Place,* Aldershot: Ashgate.

— [144] Holsinger, B. (2005) *The Premodern Condition: Medievalism and the Making of Theory,* Chicago: University of Chicago Press.

— [145] Honneth, A. (1986) 'The Gragmented World of Symbolic Forms: Reflections on Pierre Bourdieu's Sociology of Culture', *Theory, Culture & Society* 3.3, 55-66.

— [146] Jenkins, R. (2002) *Pierre Bourdieu,* London: Routledge.

— [147] Kuhn, T. (1962) *The Structure of Scientific Revolutions,* Chicago: Chicago University Press.

— [148] Lefebvre, H. (1991) *The Social Production of Space,* translated by D. Nicholson-Smith, Maldon, MA, Oxford and

Carlton, Victoria: Editions Anthropos.

— [149] Lévi-Strauss, C. (1983) *The Raw and the Cooked,* Chicago: Chicago University Press.

— [150] L'Hôte, Gilles (director) [1996] *Le champ journalistique et la télévision* [VHS video (SECAM)], Paris: Collége de France / CNRS Audiovisuel / Arts et éducation. 最初于 1996 年作为两段各一小时的节目在电视上放映，后以家庭录影带为媒介发行。

— [151] Lipstadt, H. (2000) 'Theorising Competitions', *Thresholds* 21, Fall, 32-6.

— [152] (2001) 'Learning from St Louis', *Harvard Design Magazine* 14, Summer, 4-15.

— [153] (2003) 'Can «art Professions » Be Bourdieuean Fields of Cultural Production ?: The Case of the Architecture Competition', *Cultural Studies* 17.3-4, 390-419.

— [154] 'Pierre Bourdieu: Images d'Algérie', *Journal of the Society of Architectural Historians* 63.1, 104-6.

— [155] Lôfgrem, O. (2003) 'The Sweetness of Home: Class, Cultura and Family Life in Sweden', in S. M. Low and D. Lawrence-Zûñiga (eds), *The Anthropology of Space and Place: Locating Culture,* Oxford: Blackwell Publishing, pp. 142-59.

— [156] Lury, C. (1999) *Consumer Culture,* Cambridge, UK: Polity Press.

— [157] Mann, D. A. (1980) 'Architecture, Aesthetics and Pluralism: Theories and Taste as a Determinant of Architectural Standards', *Journal of Popular Culture* 13.4, 701-19.

— [158] McRobbie, A. (1998) *British Fashion Design,* London:

Routledge.

— [159] Mitchell, T. (1988) *Colonizing Egypt,* Berkeley, CA: University of California Press.

— [160] Panofsky, E. (1939) *Studies in Iconology: Humanistic Themes in the Art of the Renaissance,* New York: Oxford University Press.

— [161] (1951) *Gothic Architecture and Scholasticisim,* Latrobe, PA: Archabbey Press.

— [162] (1955) *Meaning in the Visual Arts: Papers In and On Art History,* Garden City, NYY7 Doubleday.

— [163] Pellow, D. (2004) 'The Architecture of Female Seclusion in West Africa', in S. M. Low and D. Lawrence-Zûñiga (eds), *The Anthropology of Place and Space,* Oxford: Blackwell Publishing, pp. 160-83.

— [164] Prior, N. (2005) 'A Question of Perception: Bourdieu, Art and the Postmodern', *British Journal of Sociology* 56.1, 123-39.

— [165] Robben, A. C. G. M. (1989) 'Habits of the Home: Spatial Hegemony and the Structuration of House and Society in Brazil', *American Anthropologist* 91.3, 570-88.

— [166] Robbins, D. (1991) *The Work of Pierre Bourdieu: Recognising Society,* Milton Keynes: Open University Press.

— [167] (ed.) (2000a) *Bourdieu and Culture,* London: Sage.

— [168] (ed.) (2000b) *Pierre Bourdieu,* 4 vols, London: Sage.

— [169] (ed.) (2005) *Pierre Bourdieu 2,* 4 vols, London: Sage.

— [170] Rocamora, A. (2002a) 'Fields of Fashion: Critical Insights into Bourdieu's Sociology of Culture', *Journal of Consumer Culture* .3, 341-62.

— [171] (2002b) '*Le Monde's discours de mode*: Creating the *créateurs'*, *French Cultural Studies* 13, 83-98.

— [172] Sartre, J.–P. (1991) *The Family Idiot*: *Gustave Flaubert, 1821-1857,* 5 vols, translated by C. Cosman, Chicago: University of Chicago Press.

— [173] Savage, D. (director) (2009) *Freefall* [television programme], BBC2, London, 14 July.

— [174] Schûcking, L. L. (1998) *The Sociology of Literary Taste,* London: Routledge.

— [175] Schultheis, F. (2007) 'Pictures from Algeria', *Sociology Magazine,* March, 22-8.

— [176] Silverstein, P. A. (2004) 'Of Rooting and Uprooting', *Ethongraphy* 5.4, 553-7.

— [177] Slater, D. (1997) *Consumer Culture and Modernity,* London: Polity Press.

— [178] Stevens, G. (2002) *The Favoured Circle*: *The Social Foundations of Architectural Distinction,* Cambrige, MA: MIT Press.

— [179] Swartz, D. L. (1997) *Culture and Power*: *The Sociology of Pierre Bourdieu,* Chicago: University of Chicago Press.

— [180] Swartz, D. L. And V. L. Zolberg (eds) (2005) *After Bourdieu*: *Influence, Critique, Elaboration,* Dordrecht, Boston, MA and London: Kluwer Academic Publishers.

— [181] Varnelis, K. (1998) 'Education of the Innocent Eye', *Journal of Architectural Education* 51.4, 212-23.

— [182] Wacquant, L. (2004) 'Following Pierre Bourdieu into the Field', *Ethnography* 5.4, 387-414.

— [183] Weber, M. (2001) *The Protestant Ethic and the Spirit of*

Capitalism, translated by T. Parsons, London and New York: Routledge.

— [184] Williams, R. (1981) *Culture,* London: Fontana.

— [185] Yacine, T. (2004) 'Pierre Bourdieu in Algeria at War: Notes on the Birth of Engaged Ethno-sociology', *Ethnography* 5.4, 487-509.

网站

— [186] "超级布迪厄世界一览 (Hyper Bourdieu World Catalogue)" 上录有布迪厄全部著作与公开发言的完整列表。其网址为：http://hyperbourdieu.jku.at/hyperbourdieustart.html.

索引

译者按：

1. 本索引列出页码为原英文版页码。为方便读者检索，已将英文版页码作为边码附在中文版相应句段的两侧。

2. 行文中为求信达，同一英文词可有不同译法，于本索引中并录如下，以“/”隔开。

给建筑师的思想家读本

Thinkers for Architects

为寻找设计灵感或寻找引导实践的批判性框架，建筑师经常跨学科反思哲学思潮及理论。本套原创丛书将为进行建筑主题写作并以此提升设计洞察力的重要学者提供快速且清晰的引导。

建筑师解读德勒兹与瓜塔里

[英] 安德鲁·巴兰坦　著

建筑师解读海德格尔

[英] 亚当·沙尔　著

建筑师解读伊里加雷

[英] 佩格·罗斯　著

建筑师解读巴巴

[英] 费利佩·埃尔南德斯　著

建筑师解读梅洛 – 庞蒂

[英] 乔纳森·黑尔　著

建筑师解读布迪厄

[英] 海伦娜·韦伯斯特　著

建筑师解读本雅明

[美] 布赖恩·埃利奥特　著